# 메타버스에선
## 무슨 일이
## 일어날까?

# 메타버스에선 무슨 일이 일어날까?

이동은 지음

이지북
EZbook

# 차례

5장  조심 또 조심, 메타버스의 두 얼굴

# 모두의 메타버스가 시작되었어요

여러분은 과연 어떤 세상에서 어떤 시간을 보내며 살아가고 싶은가요?

우리는 매일 똑같은 24시간, 365일을 살아가고 있어요. 우리에게 주어진 시간은 산술적으로는 모두 같지만 체감하고 활용하는 건 모두 다르답니다. 24시간을 12시간처럼 보내는 친구가 있는가 하면 어떤 친구는 36시간처럼 보내기도 합니다. 물론 우리 대부분은 24시간을 36시간처럼 보내는 친구들을 부러워하면서 어떻게 하면 시간을 잘 활용할 수 있는지 그 비밀을 알고 싶어 합니다.

우리가 살고 있는 이 세계도 마찬가지예요. 모두가 같은 하늘 아래에서 같은 공기를 마시며 생활하고 있는 것 같지만 사실은 그렇지 않답니다. 자신에게 주어진 작은 세상에 만족하며 충실히 하루하루를 보내고 있는 친구도 있고, 더 큰 세상을 꿈꾸며 미지의 세상을 위한 모험을 꿈꾸는 친구들도 있습니다. 세상을 다르게 인식하고 다른 태도와 마음을 갖는 이 두 친구는 과연 같은 세상을 살아간다고 말할 수 있을까요?

저는 최소한 이 책을 읽는 여러분들은 남들과는 다른 세상을 꿈꾸고 미지의 세상을 향해 나아가는 용기를 키우라고 권하고 싶어요. 물론 그런 세상은 안정적이고 편안한 세상은 아닐 거예요. 새로운 세상에는 늘 위험과 두려움이 함께 하거든요.

두려움을 이겨 내고 도전할 때 우리는 비로소 발전하고 성장할 수 있습니다. 도전에 실패한다고 해도 그 경험은 우리의 삶을 바꿔 줄 엄청난 자산이 됩니다. 그렇기 때문에 새로움을 찾아 떠나는 모험은 그 자체로도 가치 있는 활동입니다.

지금 당장 떠날 수 있는 새로운 세상으로의 모험이 있어요. 바로 메타버스Metaverse입니다. 메타버스는 우리가 살고 있는 현실의 세상을 확장한 또 다른 세계입니다. 메타버스를 흔히 컴퓨터 스크린 너머에 펼쳐지는 그래픽 기술로 만들어진 가상의 세계라고 표현하기도 하고, 미래의 인터넷이라고 말하기도 합니다. 어떤 누군가는 진정한 메타버스의 시대가 오려면 시간이 좀 더 필요하다고 말합니다. 틀린 말은 아닙니다. 하지만 메타버스는 이미 시작된 세계이기도 해요.

우리는 이미 메타버스 세상에서 공부하고 친구를 만납니다. 틱톡이나 인스타를 통해 서로의 소식을 나누고 유튜브로 공연도 봅니다. 로블록스에서 게임을 하고 제페토에서 아이템을 만들어 판매하기도 해요. 우리에게 메타버스는 새로운 세계의 놀이터이자 학교이고 미래의 일터(사실 꽤 많은 친구들은 이미 메타버스에서 크리에이터로 활동하면서 수익을 올리고 있어요.)이기도 합니다.

중요한 것은 앞으로 우리들은 메타버스의 세계에서 살아가야 한다는 것입니다. 물론 일부 소설이나 영화에서 본 것처럼 메타버스가 우리의 모든 삶을 대신할 것이라고는 생각하지 않아요. 아마도 우리들은 선택적으로 메타버스의 삶과 현실의 삶을 오가며 살아가지 않을까요? 각자의 상황이나 처한 환경에 맞게 말입니다. 지금 우리의 삶에서 스마트폰이나 인터넷을 떼어 놓을 수 없는 것처럼 어떤 식으로든 메타버스의 시대는 열릴 거라고 장담합니다. 그렇기 때문에 우리들에게는 준비가 필요하지요. 메타버스 시대를 맞이할 준비 말입니다. 아무도 살아 보지 않은 시대를 건강하게 살기 위해서요.

메타버스는 여러분의 무대예요. 여러분이 살아가야 할 공간이고 여러분이 이끌어 가야 할 세계입니다. 여러분이 주인공인 새로운 세상에 대한 탐색을 함께 시작해 보실래요?

이동은

1장

# 새로운
# 세상의 탄생

## 낮에는 피자 배달원, 밤에는 해커

### 메타버스 첫 등장 《스노 크래시》

닐 스티븐슨Neal Town Stephenson이라는 미국 소설가가 있어요.

1959년생 작가이니 우리 친구들에게는 할아버지겠네요. 1992년 그는 SF 소설 《스노 크래시Snow Crash》를 썼어요. 이 책은 인류 미래를 예언한 기념비적 책이라고 할 수 있어요.

현시대에 이 책이 다시 주목받는 이유는 이 책에서 '메타버스Metaverse'라는 용어가 처음 등장했기 때문이에요. 그렇다면 과연 이 책에서 처음 언급한 메타버스는 어떤 세계일까요?

## 피자 배달원 히로의 비밀

《스노 크래시》에서 메타버스는 현실 세계와 다른 곳에 존재하는 또 다른 세계로 언급되고 있어요. '고글과 이어폰을 통해 컴퓨터가 만들어 낸 전혀 다른 세계'*로 말이지요. 조금 어렵다고요? 앞으로 이 책을 읽어 보면 메타버스가 어떤 세상인지 자연스럽게 알 수 있어요. 주인공이 누구인지부터 함께 살펴볼까요?

이 소설의 주인공은 '히로 프로타고니스트'에요. 줄여서 '히로'라고 불리는 그는 피자 배달원이지요. 피자 배달원이라고 하니 별로 특별할 것 같지 않지요? 하지만 히로가 사는 세계에서 피자 배달원은 우리가 생각하는 것과 매우 다른 직업입니다. 어떤 직업보다 중요한 일을 하지요.

사실 히로가 사는 세계는 A.I.Artificial Intelligence, 빅데이터Big Data 등 새로운 과학 기술이 이미 엄청나게 발달한 시대예요. 공상 과학 영화에 나오는 미래의 모습을 떠올리면 될 거예요. 이런 첨단 과학 시대에 그 어떤 직업보다 피자 배달원이라는 직업이 매우 중요하다는 사실이 흥미로워요.

---

* 닐 스티븐슨 지음, 남명성 옮김,《스노 크래시》, 문학세계사, 2021, p. 38.

피자는 소비자가 주문한 지 30분 안에 반드시 배달되어야 해요. 그래서 피자 배달원 교육을 위한 4년제 피자 대학도 있어요. 혹시 피자 대학에 들어가고 싶다는 생각이 드는 건 아닌가요?

피자 배달이 이렇게 중요한 일인데도 불구하고 큰돈을 벌 수 있는 직업은 아닌 것 같아요. 히로는 가난하게 살아가거든요. 겨우겨우 임대 창고를 빌려 생활합니다. 그래서 그는 이 비참하고 괴로운 현실을 잊기 위해 메타버스에서 시간을 많이 보내요. 메타버스는 현실과 다른 세상이니까요.

특히 히로는 해커Hacker 출신이어서 메타버스가 처음 만들어졌을 때 가장 번화한 '스트리트Street'에서 멀지 않은 곳에 집을 사 꾸며놨어요. 컴퓨터를 워낙 잘 다루다 보니 메타버스에 집을 만드는 것은 어렵지 않았어요.

비록 현실에서는 시궁창 같은 창고에서 고단한 삶을 이어가지만 메타버스에서는 크고 좋은 집에서 살아가고 있었지요. 그는 메타버스에서 생활할 때 왕자 같다는 생각을 자주 했어요. 또 검을 잘 쓰는 전사처럼 느껴지기도 했지요.

## 분리된 듯 연결된 현실과 가상 세계

어때요? 우리도 히로가 처한 상황과 똑같은 입장이라면 그처럼 메타버스에서 많은 시간을 보낼 수밖에 없겠다는 생각이 들지 않나요?

심지어 메타버스는 매일매일 개발되고 있어요. 대로를 따라 작은 도로가 만들어지고 건물도 계속 지어지고 있어요. 메타버스 건물 중에는 높이가 1킬로미터나 되는 것도 있대요. 건물과 거리는 온통 화려한 네온 사인으로 장식되어 있고 수백만 명이 같은 거리를 오가요.

자동차와 오토바이를 만들어 타고 다닐 수도 있어요. 면허증 따위는 필요 없이 말이에요. 어두운 사막에서 엄청난 스피드의 레이스를 즐길 수도 있고 마법사와 검객이 등장하는 게임을 만들 수도 있어요. 중력과 같은 현실의 물리 법칙에 반하는 세상이기도 하지요. 현실에서 우리가 경험하지 못한 많은 일을 메타버스에서는 할 수 있어요.

사실 히로는 과거 메타버스가 처음 만들어졌을 때 아바타를 디자인했고 검으로 대결하는 시스템도 만들었다고 해요. 오늘날의 게임 기획자나 프로그래머라고 할 수 있겠지요?

메타버스를 만든 장본인인 그는 지금 메타버스에서 많은

자료를 찾아내거나 훔치는 일을 하고 있어요. 일종의 도서관인 CIC의 정보 조사 요원인데 소문, 비디오 테이프, 각종 서류 데이터, 컴퓨터 디스크의 정보 조각 등 다양한 정보를 모아 CIC 데이터베이스에 올리는 일을 하면서 살아가지요. 히로가 올린 데이터 중에서 쓸 만한 것이 있으면 그에 상응하는 값을 받아 그 돈으로 살아가고 있어요. 일종의 데이터 판매업이라고 할 수 있지요.

어쨌든 히로는 현실과 가상 세계를 오가며 삶을 살아가고 있어요. 그런데 이 두 세계를 오가는 히로의 삶이 지금 우리들에게 다시 주목받는 것은 이 두 세계가 연결되어 있다는 설정 때문이지요. 두 세계가 분리되어 독자적으로 흘러가는 것이 아니라 현실이 가상 세계에 영향을 미치고 가상 세계가 다시 현실 세계에 영향을 미치는 관계라는 사실이 중요해요.

마치 쌍둥이처럼 말이지요. 우리는 다른 듯 같은, 분리되어 있지만 연결된 것 같은 세계의 모습을 이 소설 속에서 발견할 수 있어요. 서로 어떻게 영향을 주고받는지 소설 속 이야기로 다시 들어가 볼까요?

## 위기 상황!
## 메타버스에 바이러스가 나타났다

이 소설을 끌어가는 핵심 사건은 메타버스 안에서 퍼지고 있는 '스노 크래시'라는 일종의 바이러스Virus의 발현이지요. 일반적으로 컴퓨터 안에 바이러스가 생기면 어떻게 되나요? 컴퓨터에 있는 문서와 사진이 몽땅 망가지고 심지어 컴퓨터 자체도 손쓸 수 없게 되고는 해요. 엄청 속상한 일이기는 하지만 그렇다고 또 나의 생존을 위협할 만한 그런 큰 일은 아닙니다.

하지만 소설 속 바이러스 '스노 크래시'는 달랐어요. 아바타가 이 바이러스에 감염이 되면 아바타를 조정하는 현실 세계의 사람들의 뇌까지도 영향을 미쳤어요. 이 바이러스는 실제 사람들의 뇌에 치명적인 손상을 입히는 희안한 바이러스인 것이죠.

메타버스 세계에서 발생한 바이러스가 현실 세계 사람들에게 직접적인 영향을 미치는 상황이 정말 끔찍하지 않나요?

두 세계가 연결된 이 엄청난 사건을 해결하기 위해 주인공 히로가 나서요. 메타버스의 멸망을 막고 현실의 인류를 구하기 위해서요. 과연 그는 인류를 구하고 메타버스의 삶을 지속할 수 있을까요?

# 가상과 현실은 쌍둥이

## 왜 메타버스를 지키려는 걸까

《스노 크래시》를 읽으며 '내가 주인공 히로였다면?' '스노 크래시라는 바이러스가 실제로 사람들의 뇌를 파괴한다는 사실을 알았다면 어떻게 행동했을까?'라는 궁금증이 생겨요. 여러분이라면 어떻게 했을 것 같나요?

일단 컴퓨터를 끄고 메타버스 세상에서 빠져나오는 것도 방법이에요. 우선 내 머리, 현실의 뇌를 보호해야 하니까요. 현실의 내가 숨을 쉬면서 살아 있어야 메타버스 속 또 다른 나인 아바타도 살아갈 수 있잖아요.

《스노 크래시》의 주인공 히로는 이와 다른 선택을 했어요. 메타버스에 계속 접속해 문제를 해결하려고 했답니다. 왜 그랬을까요? 왜 현실로 도망치지 않고 메타버스 문제의 핵심에 다가가는 위험천만한 행동을 했을까요?

히로가 현실의 나를 보호하기 위해 컴퓨터를 끄지 않은 가장 큰 이유는 메타버스 세상을 구하는 게 현실의 나를 지키는 유일한 방법이라고 생각했기 때문입니다. 메타버스로 불리는 가상 세계는 현실 세계만큼 히로에게 중요한 곳이었을 거예요. 그래서 메타버스를 외면할 수 없었던 것이지요.

메타버스에서 만난 친구들, 메타버스에 존재하는 집의 안락함, 원하는 대로 자기 외형을 바꾸고 마음대로 날아다니는 자유, 죽었다가 다시 살아나는 기적. 현실 세계에서는 갖지도 해보지 못한 경험을 메타버스에서 충분히 누리고 있었기 때문에 히로에게는 현실의 삶만큼 중요했을 거예요. 메타버스에서도 돈을 벌 수 있고 그걸 현실 세계에서 쓸 수 있다면 더욱 그렇지요. 놀이 공간으로뿐만 아니라 생계유지를 위해 일하는 공간인 메타버스는 반드시 지켜져야만 했을 거예요.

닐 스티븐슨의 《스노 크래시》가 중요한 이유가 바로 여기에 있어요. 지금 우리 앞에 다가오는 메타버스 세상은 이 소설 속 주인공 히로가 지켜 내려는 세상과 매우 비슷하거든요. 그래서 여러분은 그 무엇보다 메타버스를 대하는 우리의 입장과 태도를 고민해 봐야 해요.

## 메타버스,
## 10대에게 자연스러운 일상

10대 여러분은 어른들과 좀 다른 관점으로 메타버스를 대하지 않나요? 어른들에게는 따로 학습하고 배워야 하는 메타버스이지만 10대에게는 아침에 일어나 밥 먹고 학교 가는 것처럼 너무나 자연스러운 일상이 되어 버렸잖아요.

어른들은 메타버스를 현실과 공존할 필요없는 세계로 생각해 버리는 경향이 있어요. 메타버스보다 현실이 더 중요하다고 평가하지요. 현실은 매우 중시하는 반면, 메타버스 세계는 별로 중요하지 않은 세계로 폄하하기도 해요.

10대들은 그렇지 않아요. 메타버스는 없으면 안 되는 삶의 일부예요. 현실 세계를 보조한다? 현실 세계에서 하지 못한 일을 대신한다? 아니에요. 10대들은 메타버스를 '현실과 공존한다' '현실의 연장이다' '현실보다 확장된 세계다'라고 여겨요.

## 10대에게 너무 중요한 메타버스 친구,
## 메타버스 놀이

10대 대다수가 '메타버스에서 만난 친구를 굳이 현실에서 다시 만날 필요가 있나?' 생각하지요. 어른들은 "그러면 친구 관계가 유지되니?"라고 하겠지만 10대들은 톡만 하는 친구, 〈로블록스〉에서만 만나는 친구가 엄청 많지요. 현실에서 만나지 않았다고 해서 그들을 친구가 아니라고 할 수 없어요.

그뿐만이 아니에요. 오랜만에 친구들을 만나도 우리는 각자 스마트폰을 켜고 〈어몽어스〉를 함께해요. 어른들은 "그럴 거면 왜 만나니?"라고 잔소리하지만 〈어몽어스〉 맵을 돌아다니며 임포스터<sup>Impostor</sup>를 찾아내는 것은 놀이터에서 술래잡기하는 것과 같은 놀이일 뿐이에요.

어른들이 친구들과 쇼핑하러 가 옷을 서로 골라 주듯이 우리는 〈로블록스〉에 들어가 아바타의 옷을 갈아 입히며 친구에게 어떤 옷이 더 잘 어울리는지 조언해 줘요. 어른들이 음악연주를 하면서 즐거움을 만끽했듯이 우리는 〈제페토〉에 들어가 케이 팝<sup>K-Pop</sup> 스타들과 함께 춤추고 커버 영상을 만들며 즐거워해요.

이처럼 10대에게 메타버스는 현실 세계와 동등한 가치를 갖는 중요한 세계입니다. 《스노 크래시》의 히로가 메타버스 생활을 현실 세계 못잖게 중시했던 것처럼 말이지요.

## 현실을 닮은 메타버스, 문제점도 있다

메타버스는 신기하고 좋은 것만 가득 차 있지 않아요. 메타버스도 아바타들이 사회를 이뤄 살아가는 공간이기 때문에 인간 사회에서 벌어지는 다양한 사회 현상이 메타버스에서도 일어날 수밖에 없는 거지요.

그러니 메타버스에 대한 긍정적인 면뿐만 아니라 문제점도 함께 고민하고 생각해 봐야 해요. 메타버스로 인해 우리의 삶이 얼마나 풍요로워질 수 있는지에 대해서뿐만 아니라 메타버스에서 발생할 수 있는 범죄와 소외 문제 등 여러 부정적인 면까지 항상 염두에 두어야 하는 거지요. 메타버스를 신기한 미래 기술이 만들어 낸 단순한 현상으로 바라보지 말고 이면의 철학과 윤리, 인간의 욕망을 공부해야 해요.

우리가 살아가는 현실을 너무 닮은 메타버스! 이제 본격적으로 궁금한 미래, 메타버스에 대해 하나씩 알아가 봐요.

# 현실처럼 움직이는
# 메타버스 세계

## 익숙해져 가는 온라인 세상

    2020년 초에 시작된 코로나19<sup>COVID19</sup> 사태 이후 우리는 꽤 많은 시간을 메타버스에서 보내고 있어요. 하지만 메타버스가 어떤 세계인지에 대해 깊이 생각해 보지는 못했지요. 도대체 메타버스가 무엇인지, 메타버스가 우리의 삶을 어떻게 바꾸고 있는지, 메타버스는 우리를 어떤 미래로 이끌 것인지, 어차피 다가올 세계이고 다가온 세계라면 이 세계를 위해 무엇을 어떻게 준비해야 하는지 말이지요.

    도대체 메타버스는 어떤 세계일까요?

요즘 우리 일상을 생각해 봐요. 학교에 가는 대신 온라인 수업을 듣고 놀이터에 나가 노는 대신 〈어몽어스〉에 들어가 '마피아' 게임을 하고 〈로블록스〉에서 친구를 만나 수다를 떨지요. 서점이나 문방구에 가는 대신 인터넷 쇼핑을 하고 멀리 계셔서 자주 찾아뵙지 못하는 할머니 할아버지께 영상 통화로 안부를 전해요. 명절에는 코로나 확산 방지를 위해 사회적 거리 두기를 시행했어요. 그래서 가족이 함께 모이지 않고 줌Zoom에서 세배하는 새로운 현상도 생겼어요.

어른들의 생활도 많이 바뀌었어요. 매일 아침 회사에 출근하던 부모님은 이제 가상 공간에서 회의하고 업무를 처리합니다. 공연장에 가는 대신 브이-라이브에서 공연을 감상하고 TV가 아닌 유튜브를 클릭해 각종 영상을 봐요. 영화관에 가는 대신 넷플릭스에 로그인하는 때가 더 많지요.

## 메타버스에 올라타라

우리는 지금 SF 소설이나 영화에서나 보던 새로운 세상을 경험하는 중입니다. 인터넷 너머 세계, 컴퓨터 속 세계, 현실 세계에서 사는 것처럼 가상 세계에서도 많은 시간을 보내는 생활은 사실 다가올 미래 모습이었어요. 다만 날아다니는 자동차가 일상이 되는 세상이나 바닷속 마을에서 친구를 만나고 달나라 여행을 가는 세상처럼 '오기는 하겠지만 조금 먼 미래'로 생각하던 세계였을 뿐이지요.

코로나19의 여파로 우리는 어쩔 수 없이 '사회적 거리 두기'라는 새로운 질서를 마주하게 되었어요. 우리는 거리 두기를 유지하면서도 끊임없이 만나고 싶어 했습니다. 안전하게 만날 수 있는 환경을 꿈꾸면서 메타버스 기술은 생각보다 빠르게 발전했고, 그 결과 우리는 실제로 메타버스에서 많은 시간을 보내고 있습니다.

코로나19의 위험에서 벗어나더라도 이미 다가온 메타버스는 사라지지 않을 것입니다. 어쩌면 미래의 우리는 지금보다 더 많은 시간을 메타버스에서 보낼지도 몰라요. 메타버스는 인터넷의 미래이기 때문이지요.

'메타버스'라는 용어가 유행하면서 많은 사람이 '메타버스에 올라타라'라고 말해요. 메타버스는 어떤 버스이기에 자꾸 타라고 할까요? 도대체 그 버스는 어디서 탈 수 있을까요? 운행 노선은 따로 있을까요?

사실 메타버스에서 '버스'는 대중교통 수단을 가리키는 'Bus'가 아니라 세계, 우주, 은하계를 뜻하는 '유니버스Universe'

에서 따 온 'verse'랍니다. 그렇다면 메타버스는 특정 '세계'를 가리키는 용어일 텐데 도대체 어떤 세계일까요? 그 해답을 찾으려면 '메타'의 뜻부터 살펴봐야 해요.

'메타'는 '~ 가운데', '~와 함께', '뒤에', '바꾸다' 등의 뜻을 가진 그리스어에서 파생된 단어입니다. 일반적으로 이 단어는 다른 단어의 앞에 붙어 '더 포괄적이거나 근원적인', '~ 너머', '~ 이상의', '~ 상위의'라는 식의 '초월'이라는 의미로 쓰여요.

'메타 인지'라는 말을 들어 봤다면 더 쉽게 이해할 수 있어요. 메타 인지는 '인지에 대한 인지'라는 뜻으로 '인지보다 포괄적이거나 근원적인 것', '인지 이상의 것', '인지보다 상위의 것'이라는 뜻으로 해석할 수 있어요.

쉽게 말해 '내가 아는 것이 무엇인지 아는 것'이 바로 '인지에 대한 인지', 즉 '메타 인지'지요. 그래서 메타 인지 능력이 뛰어나면 공부를 잘할 확률이 높다네요. 공부는 모르는 것을 배우는 행위거든요. 모르는 것을 배우려면 내가 아는 것과 모르는 것을 구별하는 능력이 필요해요. 그래야만 모르는 것을 배우려고 노력할 테니까요. 아는 것을 매일 반복하는 사람들은 더는 발전할 수가 없어요. 모르는 것을 알아가려고 노력할 때 지적 발전이 이뤄집니다.

그러므로 아는 것과 모르는 것을 인지할 수 있는 능력이 메타 인지 능력이고 공부를 잘하려면 메타 인지가 뛰어나야 하는 것은 당연하다고 할 수 있어요. 그러니 우리 친구들도 모르는 것을 두려워하지 않기를 바랍니다. 모르는 것이 많다는 것은 그만큼 발전 가능성이 크다는 뜻이고 우리가 성장할 기회를 더 많이 가질 수 있다는 뜻이거든요.

메타 인지에 대한 해석을 메타버스에 적용한다면 메타버스는 '세계 너머의 세계', '세계 이상의 세계'라는 뜻으로 해석될 수 있어요. 도대체 세계 너머의 세계, 세계 이상의 세계란 어떤 세계를 말할까요?

## 여기는 가상 공간, 사과가 둥둥 뜨고 하늘을 마음대로 날아다녀

우리가 살아가는 세계는 하늘과 땅으로 둘러싸인 3차원 공간이에요. 우리가 사는 집, 매일 가는 학교, 친구들과 즐거운 시간을 보내는 놀이터 등 모든 공간이 우리가 사는 세계지요.

하지만 우리는 성장하면서 살아가는 공간을 점점 확장시킵니다. 부모님과 함께 여행지를 방문하거나 해외 유학을 떠나거나 직장을 얻어 타지역으로 이사를 갈 수도 있어요. 이런 미지의 세계이면서 낯선 공간을 새로 경험하며 우리는 조금씩 어른이 되어 갑니다.

대한민국이라는 나라에서 지구라는 행성, 태양계라는 은하도 우리가 경험하는 공간입니다. 그런데 이 공간들은 대부분 우리 손으로 만질 수 있는 것, 눈으로 보고 귀로 들을 수 있는 것, 냄새 맡고 맛볼 수 있는 것으로 가득 차 있어요. 우리는 우리가 가진 오감을 활용해 이 공간과 끊임없이 소통하며 살아가고 있답니다. 조금 어려운 말로 표현하면 '실체가 있고 물리적인' 공간이 바로 우리의 '첫 번째 세계<sup>The First World</sup>'지요.

하지만 우리 주변에는 이런 실질적인 현실의 공간뿐만 아니라 조금 다른 개념의 공간도 존재해요. 컴퓨터 스크린 너머의 가상 공간이 바로 그것입니다. 컴퓨터 너머에 만들어지는 새로운 세계를 '두 번째 세계<sup>The Second World</sup>'라고 할 수 있어요. 바로 '가상 공간'이지요. 이 가상 공간은 현실의 공간과는 그 성격이 조금 달라요. 매일 우리가 접하는 인터넷이나 게임을 생각해 봅시다.

우리는 현실의 공간과 마찬가지로 가상 공간을 언제든지 방문할 수 있어요. 가상 공간에서의 수많은 경험도 가능합니다. 하지만 스크린이라는 매개가 없으면 접속 자체가 불가능

하지요. 그 스크린이 컴퓨터 모니터인지, 핸드폰 화면인지, 아니면 VR기기인지가 중요한 것은 아닙니다. 어떤 디바이스device의 스크린이든 그것을 통할 때만 가상 공간에 들어갈 수 있다는 것이 중요해요.

 가상 공간은 현실에서 우리가 익숙한 것을 꼭 닮은 세계로 채워지거나 현실 공간의 질서와는 전혀 다른 것으로 채워질 수도 있어요. 우리를 둘러싼 중력이나 물리 법칙 등을 적용할 수도 있지만 전혀 그렇지 않을 수도 있어요. 예를 들어 사과를 허공에 둥둥 띄워 놓을 수도 있지요. 하늘을 마음대로 날아다니거나 시공간을 초월한 텔레포트teleport도 가능해요.

## 메타버스 세계 경험은 거짓?

이 세계에서는 나를 대신하는 '아바타'가 필요합니다. 아바타는 일종의 캐릭터입니다. 내 육체를 대신하는 대리인이자 에이전시agency입니다. 우리는 아바타를 내세워 가상 세계에서 다양한 경험을 합니다.

물론 기술이 더 발전하면 아바타가 필요 없는 메타버스가 생길지도 모르지요. FPSFirst-person shooter 게임을 할 때 1인칭 시점에서 전투하거나 VR에서 아바타 없이 플레이어의 손만 보이며 직접 움직이는 것처럼 말이지요. 하지만 그렇게 되더라도 현실의 나를 대신하는 아바타의 개념은 여전히 존재하리라 생각합니다.

무엇보다 이 세계의 가장 중요한 특징은 가상 공간에 존재하는 모든 것이 3D나 2D 그래픽으로 만들어진 것이라는 사실이에요. 정교한 그래픽 기술로 인해 진짜처럼 보여도 이 세계는 프로그래밍과 그래픽 기술로 만들어진 것들입니다. 가공된 것이지요. 그래서 자연스럽게 성장하거나 닳아 사라지지 않습니다. 눈으로 보고 귀로 들을 수 있지만 만졌을 때의 촉감, 냄새, 맛 등을 느끼는 데는 한계가 있는 것이 사실입니다.

메타버스의 이런 특징 때문에 어른들은 우리가 가상 공간에 너무 많이 머무는 것을 걱정합니다. 실제 세계가 아닌 가짜 세계에 우리가 마음을 너무 많이 빼앗긴 나머지 현실을 외면할까 봐 말이지요. 하지만 이 세계를 가짜라고 할 수 있을까요? 메타버스 세계에서 우리가 하는 경험을 거짓이라고 할 수 있을까요?

## 새로운 공간이 탄생했다

### 메타버스는 인터넷의 새로운 미래

메타버스는 인터넷의 미래라고 할 수 있어요. 지금 우리 생활의 많은 부분을 차지하는 인터넷은 문자, 이미지, 영상을 중심으로 구성되어 있습니다. 우리는 인터넷 세계에서 정보를 검색하고 웹툰을 보고 영화와 게임 등의 즐길 거리를 찾지요. 또한, SNS를 통해 친구와 소통하기도 합니다.

우리 앞에 성큼 다가온 메타버스 세계도 이와 유사한 활동을 적극적으로 하게 되는 세계라고 할 수 있어요. 다른 점이 있다면 입체적으로 만들어진 실제 공간을 방문하고 경험할 수 있다는 것입니다. 아바타를 내세워 말이지요.

우리는 메타버스에 만들어진 도서관을 실제로 방문해 정보를 직접 찾고 친구와 직접 만나 이야기를 나누고 공연을 함께 관람할 수 있어요. 마치 내가 직접 그 공간을 방문해 모든 것을 느끼는 것 같은 경험을 할 수 있다는 특징 때문에 이 세계에 대한 몰입감은 더 증폭됩니다.

내가 직접 이 세계의 주인공이 되어 콘텐츠를 제작하고 그것을 다른 사용자에게 선물하거나 판매해 돈을 벌 수도 있어요. 주어진 콘텐츠를 즐기던 기존 인터넷에서 한 단계 발전한 새로운 세계입니다. 소비에 그치지 않고 생산 플랫폼Platform이 될 수 있는 인터넷의 미래지요. 그러므로 '인터넷의 미래', '두 번째 세계'인 메타버스를 이해하려면 컴퓨터라는 새로운 미디어Media와 디지털Digital 기술을 주도하는 인터넷의 발전을 이해해야 합니다.

## 정보의 바다에서 탐험의 세상이 된 인터넷

인터넷의 시작을 살펴보려면 50여 년 전으로 거슬러 올라가야 해요. 기본적으로 인터넷의 아이디어는 전화의 기능을 컴퓨터와 결합한 것입니다. 원래 전화는 멀리 떨어진 사람과의 통신이 목적이지요. 현실 공간에 물리적으로 함께 있지 않더라도 이야기 나누며 함께 있는 것처럼 느끼게 해 주는 수단이라고 할 수 있어요. 이런 기능을 컴퓨터에 결합하면 인터넷이 된답니다.

인터넷은 내 컴퓨터를 다른 컴퓨터들과 연결해 정보를 주고받게 하는 일종의 '네트워크<sup>Network</sup>'지요. 이처럼 전 세계를 연결한다는 의미에서 인터넷을 월드 와이드 웹<sup>World Wide Web</sup>이라고 불렀어요. 앞 철자를 따 '더블유 더블유 더블유, 혹은 따따따'라고도 해요.

애당초 매우 크고 빠른 계산기로 출발한 컴퓨터는 인터넷이라는 기술을 만나 새로운 가치를 얻었어요. 컴퓨터들이 서로 연결되면서 그 그물망 안에 수많은 정보가 쌓이기 시작했기 때문이에요. 그리고 우리가 예측할 수 없는 수준의 정보량이 인터넷에 쌓이면서 우리는 인터넷을 '정보의 바다'라고 부르기 시작했어요.

인터넷에서 정보를 찾고 서로 소통하며 보내는 시간을 '인터넷 세계를 탐험하다'라고도 표현해요. 이런 표현들은 인터넷 세상이 현실 세상과는 다르지만 인정할 수밖에 없는 새로운 공간이라는 점을 증명하는 것이지요. 사실 '바다', '탐험'과

같은 단어는 시간보다 공간과 더 관련 있는 단어이기 때문이
에요.

## 놀고 공부하고 쉬고
## 일할 무대가 넓어졌다

비록 스크린 너머의 공간이 실질적으로 '만질 수 있는' 세
계는 아니지만 현실과는 또 다른 새로운 공간으로 인식한다는
것을 사람들이 깨닫게 되었어요. 실제 세계는 아니지만 그렇
다고 해서 존재하지 않는다고 말할 수도 없는 새로운 개념의
가상공간, 두 번째 세상이 탄생한 거지요.

게임도 마찬가지입니다. 우리는 현실의 모습과는 다른 캐릭
터를 만들어 게임 속으로 들어가게 됩니다. 그리고 현실 세계
에서 해 보지 못하는 흥미로운 경험을 하며 시간을 보내지요.
낯선 지역을 탐험하거나 좀비와 싸우며 내 성을 지키기도 하
지요. 과일 열매를 따고 물고기를 잡아 번 돈으로 점점 더 큰
집을 짓기도 합니다.

이런 관점에서 게임은 그야말로 새로운 세계의 탄생이라고
할 수 있어요. 그런데 이 순간, 현실 세계와 가상 세계가 결합

전 세계를 연결한다는 의미의 월드 와이드 웹(World Wide Web)

하는 흐름이 펼쳐지고 있어요. 현실 세계인 첫 번째 세계와 가상 세계인 두 번째 세계가 만나 조화를 이루는 '메타버스 세계'가 시작되고 있는 것입니다.

세계 너머의 세계인 '메타버스'는 '현실 세계 너머의 가상 세계'나 '가상 세계 너머에 존재하는 현실 세계'로 해석될 수도 있어요. 이는 두 세계가 독립적으로 구별되거나 분리된 세계로 존재하는 것이 아니라 세계의 확장이라는 의미를 내포하고 있다는 것이 중요해요.

'가상 세계가 존재한다'라는 현상에 대한 인식보다 가상 세계가 현실의 세계와 다양한 방식으로 결합하는 양상을 받아들이고 이를 어떻게 의미화하고 우리 삶 속에 녹아들게 할지 고민하는 것이 중요하다는 뜻이에요.

즉, 우리는 현실 세계 확장으로서의 가상 세계, 가상 세계 확장으로서의 현실 세계라는 의미를 곱씹어 봐야 해요. 두 세계는 서로 연결되어 있고 많은 것을 공유하고 있어요. 마치 우리가 월요일, 화요일에는 현실 세계에 존재하는 학교에 가 공부하고 수요일, 목요일, 금요일은 가상 세계에서 학교 공부를 이어 가는 것과 마찬가지로요. 무엇보다 우리가 놀고 공부하고 쉬고 일할 무대가 더 넓어진 것이니 신나지 않나요?

앞으로도 두 세계는 서로 영향을 주고받으며 더 큰 세계를 만들어 갈 것입니다. 그것이 바로 메타버스입니다. 그렇기에 우리는 기술의 발전이라는 측면이 아니라 생각의 틀이나 개념을 뜻하는 '패러다임Paradigm'으로 메타버스를 이해해야 해요.

## SF적 상상력과 메타버스

인간의 상상력은 정말 위대해요. 지금 우리가 마주하는 메타버스는 사실 어느 날 갑자기 등장한 기술 발전의 결과가 아닙니다. 오래전부터 SF 소설과 영화를 통해 꿈꿔 온 세계를 기술로 직접 구현한 것이라고 할 수 있어요.

1984년 윌리엄 깁슨은 소설 《뉴 로맨서Neuromancer》에서 '사이버 스페이스Cyber Space'라는 말을 최초로 사용했어요. 이 소설은 사이버 스페이스에 접속해 기업의 비밀 정보를 훔치는 주인공의 이야기를 다루고 있어요. '메타버스'와 '아바타'라는 용어는 1991년 닐 스티븐슨이 소설 《스노 크래시》에서 처음 사용했습니다. SF 소설이 미래를 이끌 특별하지만 복잡한 개념을 쉽게 설명하고 구체화하는 데 힘썼다면 SF 영화들은 다가올 미래의 삶을 예상하고 직접 보여 주는 데 기여했지요.

1982년 영화 〈트론Tron〉에서는 주인공들이 PC 속 가상현실로 들어가는 장면을 처음 보여 주었어요. 1999년 영화 〈매트릭스The Matrix〉는 컴퓨터가 인간을 지배하는 세상을 그렸지요. 2009년 영화 〈아바타Avatar〉는 마침내 인간이 자신의 정신을 육체와 분리시켜 아바타라는 다른 신체에 접속하는 경지를 보여 주었습니다.

사이언스 픽션<sup>Science Fiction</sup>은 과학적 사실이나 가설을 활용해 만들어 낸 이야기입니다. 이런 소설을 통해 우리는 예측되는 미래를 마음껏 꿈꾸고 다가올 불확실한 미래의 문제를 미리 막고 해결책을 찾을 수 있어요. 문학과 영화에서 비롯되는 인문학적 상상력은 기술과 만나 현실이 되고 있습니다. 디지털 혁명으로 불리는 미래 기술의 바탕에는 미래를 꿈꾸고 준비하는 인류의 호기심과 상상력이 자리하고 있습니다.


## 메타버스에서 할 수 있는 일들

메타버스는 웹 기술이 발전하면서 등장한 가상 세계를 뜻해요. 거시적 개념으로 메타버스는 웹의 미래, 새로운 플랫폼을 뜻하지만 미시적 개념으로는 가상과 현실이 융합된 공간에서 상호 작용하며 아바타를 활용해 현실에서 할 수 있는 대부분의 일, 즉 사회적, 경제적, 문화적 활동을 지속적으로 할 수 있는 세계를 뜻합니다.

메타버스에서 우리는 학교에 가지 않고도 교육을 받을 수 있습니다. 관광을 즐기고 유명 아이돌의 공연이나 미술 전시회 관람도 할 수 있어요. 마음에 드는 옷이 있다면 입어 볼 수 있고 새로운 친구도 사귈 수 있습니다.

메타버스는 우리의 놀이터이지만 일터가 될 수도 있어요. 가상 상품이나 건물, 공간도 거래할 수 있거든요. 〈제페토〉의 1세대 크리에이터 렌지는 캐릭터를 꾸밀 수 있는 다양한 의상과 아이템을 제작해 판매합니다.

전 세계 10대가 가장 많이 접속한다는 〈로블록스〉에는 옐롯이라는 크리에이터가 있지요. 10대 초반인 옐롯은 〈로블록스〉 스튜디오 강좌 영상을 찍어 올리는 유튜버로 유명합니다. 특히 메타버스가 MZ세대, 그리고 알파세대의 놀이터이자 일터가 될 세상이라는 점을 감안하면 10대인 옐롯의 유명세는 너무나 당연한 것이라 할 수 있습니다. 최초의 메타버스로 불리는 〈세컨드라이프Second Life〉에서는 안시 청이라는 사용자가 땅을 사 공간을 꾸미고 큰돈을 벌어 백만장자가 된 것으로 유명했습니다.

또한, 기업은 메타버스를 신입 사원을 교육하거나 시공간의 제약을 뛰어넘어 협업의 툴로 활용할 수 있습니다. 가상으로 접속한 각 분야의 전문가는 환자의 상태를 진단하고 함께 해결책을 도출할 수 있습니다. 디자인 협업이 가능한 경우에도 메타버스를 활용하면 효율성을 높일 수 있어요.

우리가 생활하는 지구라는 공간이 '실재적이고 물리적인' 우리의 첫 번째 세계라면 컴퓨터 너머에 만들어지는 메타버스는 우리의 두 번째 세계입니다. 흥미로운 점은 이 두 세계가 서로 분리된 것이 아니라 하나로 연결되어 있다는 것입니다. 즉 메타버스는 현실 세계의 확장이라는 의미가 있어요. 두 세계가 서로 연결되어 많은 것을 공유한다는 점을 깊이 생각해야 합니다.

2장

# 미래와 통하는
# 메타버스

Avatar

## 〈포켓몬 GO〉가 쏘아 올린 신기한 세상

### 실제와 가상을 합성한다고?

어느 날 핸드폰의 사진첩을 보다가 깜짝 놀랐어요. 심령사진 같은 것들이 사진첩을 채우고 있었거든요. 자세히 보니 여러분 나이대의 딸이 각종 사진 앱을 켜놓고 다양한 귀신 사진을 찍은 거였어요. 눈이 움푹 팬 채 입가에 피가 줄줄 흐르고 머리 위에는 박쥐가 날아다니는 사진들을 친구들과 함께 찍으며 즐거운 시간을 보낸 적이 한 번쯤 있나요?

있는 그대로의 모습을 찍어 낸다는 개념에서 출발한 사진은 기술이 발전하면서 정말 많이 바뀌었어요. 사진 위에 다양

현실의 정보에 가상 데이터를 덧붙이는 증강 현실

한 이미지를 덧붙이거나 글자도 쓰고 마음대로 자르고 붙이면서 있는 그대로의 모습 위에 우리가 생각하는 판타지<sup>Fantasy</sup>를 추가할 수 있게 되었어요.

이런 사진들은 때로는 우리를 고양이나 강아지로 변신시키고 이쁘게 화장도 해 줍니다. 사진 앱이 가진 이 기술이 바로 메타버스의 첫 번째 유형인 증강 현실입니다.

증강 현실은 영어로 'Augmented Reality'입니다. 앞 철자를 따 AR이라고 하는데 augment는 '덧붙이다'라는 뜻이 있어요. 즉, 이 기술은 현실의 정보에 뭔가의 가상 데이터를 덧붙인다는 개념으로 개발된 기술입니다.

핸드폰 카메라가 여러분의 얼굴을 그대로 찍고 있으면 핸드폰에 내장된 컴퓨터는 여러분의 얼굴을 인식해 그 위에 선글라스를 씌우고 뜨거운 열을 발산하는 태양 이미지를 실시간으로 덧입혀 줍니다. 그렇게 실제 정보와 가상 정보를 합성해 한 번에 스크린으로 보여 주는 것이 바로 증강 현실 기술의 핵심입니다. 과장해 말하면 증강 현실 기술이 추가된 사진은 이제 찍어내는 것만이 아니라 찍고 그리는 도구가 되었어요.

이런 기술은 최근 등장한 사진 앱<sup>App</sup>에서만 확인할 수 있는 것은 아닙니다. TV에서 매일 날씨를 알려주는 기상 캐스터를 볼 때도 그동안 우리는 AR 기술을 함께 경험하고 있었어요. 그렇다면 기상 캐스터가 내일 날씨를 어떻게 전하는지 생각해 볼까요?

기상 캐스터는 움직이는 우리나라 지도 앞에서 기압이 어떻게 형성되었는지, 바람은 어떻게 부는지, 파도는 얼마나 높은지 설명합니다. 기상 캐스터가 설명할 때마다 지도 위의 기압, 바람, 파도는 시시각각 변화하는 모습을 보여 주지요. 기상 캐스터가 마법사가 아니고서야 말하는 대로 시시각각 변하는 날씨를 애니메이션<sup>Animation</sup>으로 보여 주는 것은 불가능합니다.

일반적으로 기상 캐스터는 크로마키<sup>chroma-key</sup> 촬영을 위해서 초록색 천 앞에서 이미지가 어떻게 움직일지 예상하고 기상 예보를 합니다. 이때 방송국에 근무하는 그래픽 디자이너와

프로그래머가 실시간으로 움직이는 이미지를 합성해 각 가정의 TV로 보내는 거지요.


## 〈포켓몬 GO〉 게임하러 고고(Go Go)

더 쉬운 예를 들어 볼까요? 2016년 여름에 등장했던 〈포켓몬 GO〉 게임 기억하나요? 지금도 열심히 플레이하고 있다고요? 지금까지 플레이하는 친구들은 엄청 높은 레벨을 달성했겠네요. 부럽습니다. 혹시 플레이해 보지 않은 친구들도 한 번쯤 들어본 게임일 것입니다.

이 게임은 현실 세계 곳곳에 숨어 있는 포켓 몬스터를 찾아서 포획하고 잘 키워 진화시키는 게임입니다. 배틀이라는 특별한 대결을 통해 체육관을 점령하고 탈환할 수도 있습니다.

플레이 방식은 간단해요. 핸드폰으로 내가 있는 방이나 거리 곳곳을 비추면 다양한 포켓몬 캐릭터가 스크린에 등장합니다. 사실 스크린에 등장한 애니메이션 캐릭터를 보는 것만으로도 신기하고 재미있지요. 그런데 이 게임은 여기서 한 걸음 나아가 원작 애니메이션 주인공이 그랬듯이 몬스터볼을 던져 포켓몬을 잡을 수 있도록 디자인했습니다. 플레이어들은 '꼬

부기'를 내 방 책상 위에서 잡는 색다른 경험을 할 수 있게 되었지요.

## 우리가 〈포켓몬 GO〉에 열광한 이유

포켓몬 캐릭터를 잡기 위해 정말 흥미로운 현상까지 생겼어요. 사람들이 이 게임을 하기 위해 거리로 쏟아져 나온 것입니다. 일단 자신이 사는 지역 곳곳을 탐색하기 시작했지요. 희귀한 포켓몬스터를 찾기 위해 먼 곳까지 여행을 떠나는 것도 주저하지 않았어요. 포켓몬스터가 자주 나타나는 장소에서는 여러 명이 핸드폰을 들여다보며 몬스터볼을 던지기도 했어요. 정말 신선한 장면들이 연출되었습니다.

사람들은 왜 이 게임에 그렇게 열광했을까요? 애니메이션 〈포켓몬스터〉의 주인공이 되어 보는 경험을 내가 직접 할 수 있기 때문에? 아니면 약 900종이나 되는 귀여운 포켓몬을 모두 모으고야 말겠다는 수집욕 때문에? 체육관을 점령하고 포켓몬 대결에서 이기고야 말겠다는 경쟁심 때문에? 이 모든 이유가 다 맞을 것입니다. 우리는 〈포켓몬 GO〉가 가진 게임성에 열광했으니까요.

무엇보다 이 게임의 성공 비결은 AR 기술 같습니다. 〈포켓몬 GO〉 이전에도 〈포켓몬스터〉 게임은 있었거든요. 물론 〈포켓몬스터〉 게임도 많은 플레이어에게 인기가 있었지요. 하지만 〈포켓몬 GO〉처럼 열광적이진 않았던 것 같아요.

## 〈포켓몬스터〉와 〈포켓몬 GO〉는 달랐다

이 두 게임의 차이점은 무엇일까요? 기존 〈포켓몬스터〉 게임은 스크린 너머에 존재하는 가상 세계에서만 일어나는 사건을 다뤘어요. 포켓몬 세상은 현실 세계와는 철저히 분리된 세상에서 벌어지는 사건들이어서 포켓몬을 아무리 많이 잡더라도 그 결과는 현실 세계에 아무 영향도 미치지 못했어요. 그렇기 때문에 플레이어들은 자신의 현실 세계와는 상관없는 일로 게임 세계를 치부해버릴 수밖에 없었어요.

하지만 〈포켓몬 GO〉는 달랐어요. 우리 집 거실에 '파이리'가 막 돌아다니고 있잖아요. 베란다에서는 '이상해 씨'가 태양빛을 받으며 등의 씨앗을 크게 틔울지 말지 고민하고 있어요. 그런데 그걸 그냥 지켜보며 무시할 수는 없는 거지요. 현실에 존재하지 않았던 포켓몬스터들이 내가 사는 공간 안에 쑥 들어와 있어요. 나의 현실 속으로 판타지가 들어온 거지요. 꿈이나 영화가 아닌 내 삶 속에서 환상을 마주하는 경험은 그 자체로도 엄청난 흥미와 재미를 주었답니다.

포켓몬들이 가상의 이미지이든 아니든 플레이어들은 현실에서 눈으로 직접 보고 느끼게 되었어요. 심지어 매일 내가 생활하는 익숙한 공간에서 말이에요. 그래서 포켓몬이 실제로 존재한다고 당연히 믿게 되고 자연스럽게 게임에 몰입된 것 아닐까요? 익숙한 공간에서 만나는 낯선 경험이지만 우리는 이런 환상적인 세상에 매료된 것 아닐까요?

# 증강 현실로 과거 여행

## 상상을 현실로 보다

매력적인 증강 현실 기술은 특히 교육 분야에서 적극 활용되고 있어요. 교실에서 공룡 시대를 공부한다고 가정해 봐요.

교과서에 실린 글과 사진으로만 공룡이 살던 시대를 설명하는 것과 QR 코드를 활용해 증강 현실 기술로 재현한 공룡의 실제 이미지를 보며 고생대를 이해하는 것은 차원이 다른 학습 결과를 끌어낼 수 있어요. 공룡 시대의 환경, 공룡의 크기, 섭생 정보를 눈으로 직접 확인하며 공부하니 더 잘 이해할 수 있고 엄청난 상상의 나래를 펼칠 수 있거든요.

## 과거 여행도 아주 쉽다

　최근 들어 박물관이나 미술관 등에서 유물이나 작품에 대한 설명을 이 기술로 대신하려는 움직임도 나타나고 있어요. 국립중앙박물관은 증강 현실 기술을 이용해 유물의 다양한 정보를 화면에서 보고 들을 수 있게 만들어 놓은 대표적인 박물관입니다. 사용자의 위치를 추적하고 사용자가 바라보고 움직이는 방향을 추적해 사용자가 바라보는 유물의 형태 등을 인식해 가상 정보를 텍스트나 이미지 형태로 화면에 띄워 주는 것입니다.

　이렇게 되면 우리는 역사를 설명해 주는 해설사 선생님이 계시지 않아도 얼마든지 유물에 얽힌 재미난 이야기를 보고 들을 수 있답니다. 더구나 유리로 막혀 있어 직접 보지 못하는 유물의 뒷면이나 아랫면, 윗면 등을 볼 수 있고 유물이 만들어지는 데 얽힌 이야기도 함께 볼 수 있어요.

　국보 280호 천흥사 종은 증강 현실 기술을 이용해 스마트폰을 비추면 실제 종소리가 나도록 만들어 놓았어요. 사실 문화유산 답사를 위해 유적지에 방문할 때마다 종을 발견하면 그 소리가 어떨지 엄청 궁금하잖아요. 차마 종을 쳐 볼 수는 없어서 항상 답답했는데 그런 답답함을 증강 현실 기술이 해결해

유물의 다양한 정보가 화면에 나오는 증강 현실 기술

준 거지요.

역사적 상황을 연출하는 데도 AR 기술은 무척 쓸모 있어요. 아픈 역사인 명성황후 시해 사건이 일어난 경복궁의 건청궁乾 淸宮의 모습도 증강 현실 기술로 재현할 수 있어요.

상상해 보세요. AR 기능이 탑재된 안경을 쓰거나 스마트폰 을 켜 경복궁을 비추면 순식간에 과거 조선 시대로 돌아갈 수 있습니다. 명성황후를 시해하기 위해 기습적으로 경복궁에 진입하는 일본 낭인들의 모습, 궁녀 복장으로 위장한 황후의 모습도 볼 수 있습니다.

AR 기술을 활용하면 처참했던 그날의 비극을 우리 눈으로 직접 확인할 수 있습니다. 우리는 증강 현실 기술을 통해 그 시대, 그 장소에서 일어난 문제의 장면을 목격할 수 있습니다. 그렇게 된다면 우리는 역사를 먼 옛날 이야기가 아니라 우리 조상들에게 일어난 실제 이야기로 느끼고 더 가까이 다가갈 수 있지 않을까요?

## 증강 현실로 미래를 경험하자

증강 현실의 장점이 극대화되면서 최근에는 특정 기술을 훈련시키고 숙련시키는 데도 AR 기술을 적극 활용하고 있습니다. 자동차가 고장 났다면 AR 글래스를 쓰고 어디를 어떻게 고쳐야 한다는 설명을 직접 보고 들을 수 있어요. 간단한 문제라면 전문가의 손을 거치지 않아도 우리 스스로 고장 난 부품을 갈아 끼우거나 느슨해진 나사를 조일 수 있는 시대가 된 거지요. 가구를 조립하거나 요리할 때도 AR 기술을 활용하면 나만의 과외 선생님이 옆에서 모든 단계를 차근차근 설명해 주는 것처럼 느끼면서 문제를 해결할 수 있어요.

증강 현실은 아직 일어나지 않은 사건을 미리 경험해 보는 시뮬레이션Simulation의 특징을 살려 학생들이 문제를 적극적으로 해결할 수 있도록 도움을 줄 수 있을 것입니다.

# 모든 것이 기록되는 라이프로깅

## 내 삶의 일부가 기록되는 메타버스

여러분은 스마트폰이 없는 세상을 상상할 수 있나요? 컴퓨터가 없는 세상은요? 이제 디지털 기기는 우리 삶에서 떼려야 뗄 수 없는 친구가 되어 버렸어요. 우리 삶의 많은 부분이 디지털에 기록되고 있어요.

많은 미래학자는 앞으로 인간과 디지털 기기는 더 친밀해지고 깊은 관계가 될 거라고 예상해요. 숨 쉬고 잠자고 종일 걸음을 기록하는 것까지 이제 라이프로깅Life logging이라는 메타버스 세계 안에 차곡차곡 쌓입니다. 그뿐만이 아니에요. 내가 오늘 자전거를 타고 어디를 가는지 일거수일투족 CCTV에 찍히지요.

두 번째 유형인 라이프로깅은 life, log, in 세 단어가 합쳐져 만들어진 단어입니다. 결국 인간의 삶을 어딘가에 접속<sup>Login</sup>한다는 뜻인데요. 과연 어디에 접속하는 것일까요?

맞아요! 디지털 세상에 접속한다는 뜻입니다. 결국 라이프로깅이라는 메타버스는 내 삶의 일부를 디지털 세계에 옮긴 형태의 세계를 말해요. 대표적인 라이프로깅으로는 하루에도 몇 번이나 접속하는 각종 SNS를 들 수 있어요. 페이스북<sup>Facebook</sup>, 틱톡<sup>Tik Tok</sup>, 인스타그램<sup>Instagram</sup>과 같은 서비스입니다. 라이프로깅 시대를 사는 우리는 하루하루의 일과를 일기장 대신 소셜 네트워크 서비스<sup>Social Network Service</sup>에 담습니다.

이런 문화가 정말 신기하죠? 일기란 원래 나 혼자 보기 위한 것이잖아요. 어릴 때 부모나 형제자매가 일기장을 훔쳐볼까 봐 조마조마하며 숨겼던 기억이 있습니다. 요즘은 이 일기를 만천하에 공개하지요. 누군가에게 보여주기 위해 일기를 쓰기도 합니다. 오늘 먹은 음식을 사진으로 찍어서 올리고 감상평을 적는 일도 빼놓을 수 없어요. 도대체 레스토랑에 음식을 먹으러 간 건지, 사진 찍으러 간 건지 헷갈릴 정도입니다. 물론 '나 혼자 보기', '친한 친구만 보기', '전체 공개' 등 다양한 수위로 공개 여부를 정할 수 있어요. 자신의 취향대로요.

## 내 일상이 역사가 된다

그렇다면 내 일상을 디지털로 기록하는 것은 어떤 의미가 있을까요?

우선 아카이빙<sup>Archiving</sup>의 의미와 가치를 생각할 수 있을 것입니다. 아카이빙이란 '특정 기간 동안 필요한 기록을 파일로 저장 매체에 보관하는 것'을 말합니다. 일상을 기록으로 남겨 저장한다는 것은 개인적으로나 역사적으로 큰 의미가 있지요.

물론 과거에는 유명인사들만 자신의 생활 기록을 전기로 남겼지만 오늘날은 그렇지 않아요. 평범한 우리의 삶도 위인들 못잖게 매우 중요합니다. 아버지가 어떻게 살아오셨는지 아는 것은 아버지를 이해하는 데 큰 도움이 되지요. 그리고 앞으로 내가 어떻게 살아가야 하는지에 대한 이정표도 제시해 줍니다.

실제로 초창기에 라이프로깅을 시도했던 도전적인 사람들은 자신이 보내는 하루하루의 생활이 잊히는 것이 너무 아쉬워서 이 일을 시작했다고 하네요. 사실 우리는 매일 24시간을 살아가고 있지만 기억에 남는 시간과 사건은 많지 않잖아요.

기억하지 못하는 하루의 단면들을 기록으로 남기고 싶어하는 사람들이 자신의 모자 위에 소형 카메라를 달고 그것을 온라인상에 생중계하는 프로젝트를 시행하기도 했어요. 자신이 보는 세상을 기록으로 남기는 동시에 다른 사람들과 공유하는 가치를 중시했던 거지요. 정보를 공유하고 공감하는 문화가 생긴 것입니다.

기록을 디지털로 남기는 것의 장점 중 하나는 검색의 편의성입니다. SNS를 하다 보면 3년 전 오늘 어떤 사건이 있었는지 내 기록을 다시 보여 줄 때가 있습니다. 가족 여행 기록을 다시 보며 당시 즐거웠던 기분을 다시 만끽할 수도 있어요. 추억 여행을 떠날 수많은 기회를 메타버스가 제공해 주는 것이지요.

## 대신 기억해 주는 데이터

사실 우리는 과거의 소중한 사건들을 모두 기억할 수 없어요. 잊혀지는 것은 어쩌면 당연해요. 감사한 마음, 친구들과의 우정, 크고 작은 실수를 모두 기억하며 살아간다면 우리의 뇌는 폭발할지도 모릅니다. 하지만 이제는 우리의 이 소중한 기억들을 모두 데이터로 처리하여 라이프로깅 세계에 기록하고 원할 때 언제든지 꺼내 볼 수 있게 되었습니다. 기록되고 검색할 수 있다는 것은 라이프로깅 세계가 주는 최고의 선물 아닐까요?

기록된 데이터를 활용하는 방법은 또 있습니다. 최근 배달음식은 우리에게 너무나 익숙합니다. 배달 천국에서 산다고 해도 과언이 아니지요. 물론 매번 새로운 메뉴를 고르고 주문하는 사람들도 있겠지만 대부분 익숙한 레스토랑의 익숙한 메뉴를 반복적으로 주문합니다. 이를 위해서 배달 앱은 내가 자주 주문하는 바로 그 메뉴를 데이터베이스에 기록해 놨다가 추천해 주기도 합니다. 여러 메뉴 중에서 고르거나 하지 않아도 클릭 한 번만으로 원하는 음식을 주문할 수 있는 세상이 된 거예요.

라이프로깅과 같은 데이터는 쌓이면 쌓일수록 활용할 수

있는 것이 많아집니다. 심박수를 체크해 우울할 때 특정 음식을 미리 주문해서 기분을 업시키거나 환기시키는 음악을 자동으로 재생해 주는 서비스를 만들어 낼 수 있어요.

SNS를 하다 보면 가끔 깜짝 놀랄 때가 있지 않나요? 평소 관심을 가졌던 쇼핑 정보가 타임라인에 뜨기 때문이지요. 자동으로 친구를 추천해 주는 것은 SNS의 기본이에요. 오랫동안 소식이 끊겼던 친구의 SNS 계정을 보여 주며 친구 추가를 할지 묻습니다. 넷플릭스나 왓챠 등의 동영상 서비스를 볼 때도 그렇습니다. 내가 좋아할 만한 프로그램으로 취향 저격하기도 합니다. 정말 놀라운 세상이지요?

## 라이프로깅이 목숨도 구한다

라이프로깅은 우리의 건강 기록도 디지털 세계 안에 차곡차곡 보관하게 합니다. 스마트워치Smart Watch 등의 기기의 도움을 적극적으로 받아서요. 스마트워치는 나의 수면 패턴과 맥박을 체크합니다. 건강한 사람이라면 아무 문제 없겠지만 심장에 문제가 있다면 스마트워치의 이런 기능은 엄청난 도움을 줄 수 있어요.

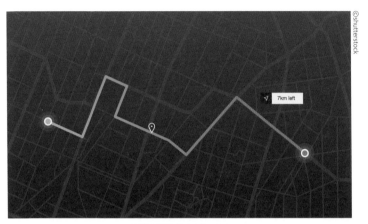

위치를 알아낼 수 있는 GPS

상상해 보세요. 평소 심장질환을 앓는 사람이 길을 걷다가 갑자기 심장이 멈춥니다. 길에는 사람이 한 명도 없어요. 천만다행으로 스마트워치가 그의 심장 박동에 문제가 있다는 데이터를 읽어내고 119에 자동으로 전화를 걸고 GPS를 이용해 쓰러진 위치를 알려 줍니다. 그 덕분에 길거리에 쓰러진 사람은 응급실로 신속히 옮겨져 목숨을 건질 수도 있습니다.

## 공부 패턴도 기록하는 라이프로깅

우리의 일거수일투족을 디지털 데이터로 기록하는 라이프

로깅 기술은 분명히 긍정적인 면이 많지만 부정적이고 위험한 면도 공존합니다. 그래서 더 조심해야 해요.

긍정적인 면부터 살펴볼까요?

온라인 수업을 듣고 있다고 생각해 보세요. 수업을 듣기 위해 먼저 로그인할 것입니다. 그럼 컴퓨터는 우리가 로그인한 시간을 매일 체크해 기록으로 남겨 놓습니다. 누군가는 매일 아침 9시에 로그인하고 또 다른 누군가는 7시 30분에 로그인해 수업을 들을 것입니다. 또한 수업 영상을 듣는 패턴도 상세하게 기록되고 있어요. 한 번 듣기 시작하면 마지막 영상까지 한 번에 쭉 듣는지, 아니면 아침에 1~2개, 점심에 또 1~2개, 저녁에 1~2개 이렇게 나눠 듣는지 기록해요. 심지어 배속을 눌러 빠르게 수업을 들었는지도 기록으로 남아요.

이런 기록은 선생님들에게는 매우 유용한 데이터가 됩니다. 학생들의 공부 패턴을 알 수 있어 학습 계획을 세우는 데 도움이 되거든요. 많은 학생이 반복적으로 다시 듣는 구간이 발견된다면 학생들이 해당 지식을 이해하기 어려워한다는 사실을 깨달을 수 있어요. 그럼 그 부분을 보충 설명하거나 문제를 풀게 하는 방식으로 수업을 수정할 수 있어요.

화면을 보는 여러분의 시선을 추적해서 수업 영상을 보는 같은 시간에 〈어몽어스〉를 한쪽에 틀어놓고 게임 플레이를 했느지 아니면 수업에 집중했는지에 대한 기록도 남길 수 있으니 우리는 바른 수업 태도를 가져야겠어요.


## 개인의 모든 정보 추적이 가능하다

우리가 메타버스에서 하는 사소한 클릭 하나까지도 컴퓨터는 모두 데이터로 기록하고 있어요. 심지어 우리의 하루 일과도 마음만 먹으면 컴퓨터로 다 확인할 수 있어요. 특히 방문한 음식점이나 전시관에서 QR 코드로 인증을 받았다면 나의 하루 동선이 모두 공개되는 거지요. 하지만 개인정보 노출은 매우 중요한 문제입니다. 이 데이터를 나쁘게 사용할 생각을 한다면 얼마든지 범죄에 악용될 수 있어요.

2017년에 개봉된 영화 〈서치Searching〉는 어느 날 갑자기 사라진 딸을 찾는 아버지의 고군분투를 다루고 있어요. 딸은 친구들과 함께 공부한다며 외출했는데 시간이 지나도 돌아오지 않았어요. 너무 걱정했던 아버지는 경찰에 실종 신고를 했지만 손 놓고 기다릴 수 없어 딸을 찾으려고 온갖 노력을 했어요.

그런 일이 우리에게 일어났다면 어떻게 행동했을까요? 딸이 만났던 사람들을 추적해 딸과 어떤 대화를 나눴고 함께 어디에 갔고 어떤 사건이 벌어졌는지 직접 발로 뛰면서 형사나 탐정처럼 조사했을 것입니다. 딸이 들렀던 카페에서 단서를 찾기 위해 애쓰는 아버지의 모습이 영화의 스토리로 보였을 것입니다. 하지만 이 영화에서 주인공인 아버지는 두 발로 뛰는 대신 딸의 컴퓨터에 접속해 딸의 이메일을 해킹하고 딸이 검색했던 데이터를 찾아냅니다. 또한 딸의 휴대폰 위치 추적과 CCTV를 통해 동선을 재구성했어요.

이 과정을 엿보노라면 하루 24시간의 대부분을 나도 모르는 사이에 메타버스 세계에 정보를 남기며 보낸다는 생각이 듭니다. SNS로 끊임없이 소식을 전하고 인터넷의 다양한 정보를 클릭합니다. 친구, 놀이, 학습도 메타버스 세계에서 이뤄지는 인터넷 기반의 지식정보가 새로운 시대의 대세가 되었다는 사실이 새삼 현실로 와닿아요. 그야말로 이 영화는 라이프로깅이라는 새로운 메타버스 시대가 우리 곁에 다가왔음을 단적으로 보여 줘요.

## 라이프로깅, 과연 장점만 있을까?

물론 이 영화에서 실종된 딸은 자신의 정보를 끊임없이 라이프로깅으로 남겨둔 덕분에 목숨을 구하고 아버지는 딸을 찾아내지요. 하지만 생각해 보세요. 이런 긍정적인 면이 아니라 개인적인 정보를 나쁜 의도로 범죄에 사용했다면 어떻게 되었을까요? 실제로도 이런 사이버 범죄는 계속 발생 중이고 앞으로도 더 많이 발생할 것이라는 예상은 쉽게 할 수 있습니다. 누군가의 게시물에 '좋아요'를 눌렀다가 정말로 좋아하는 줄로 착각해 저지른 스토킹 범죄도 뉴스에서 심심찮게 볼 수 있습니다. 여행지로 떠나는 모습을 SNS에 올렸다가 빈집 정보를 손에 넣은 범죄자에 의해 도둑맞은 사례도 접할 수 있어요.

특히 메타버스 세계에서 만난 친구들은 현실 세계에서 만나는 친구들과는 다소 다른 입장에서 만나기도 합니다. 현실의 나를 적당히 숨기고 또 다른 내 모습을 만들어 접속하기 때문이지요. 메타버스에 만들어진 내 모습, 행동, 말투, 습관 등이 내가 아니라고 말할 수는 없지만 마찬가지로 완벽한 나의 반영이라고 할 수도 없습니다.

메타버스에 보이는 친구의 일면만 보고 그를 판단했다가는 큰 문제가 생길 수 있어요. 메타버스에서 만난 친구를 의심하라는 말은 아니지만 내 속 얘기를 전부 꺼냈다가는 문제를 일으킬 수 있으니 조심 또 조심하는 것이 현명하지 않을까요?

# 내 손안의 지구, 미러 월드

## 흥미로운 지구본, 구글 어스

메타버스의 세 번째 유형은 현실을 그대로 복제한 세계인 미러 월드[Mirror World]입니다. 우리말로는 '거울 세계'지요. 미러 월드는 말 그대로 거울에 비친 세상입니다. 거울은 보이는 세상을 똑같은 비율, 형태, 색감으로 보여 줍니다.

이 미러 월드를 활용해 만든 대표적인 서비스가 바로 내비게이션[Navigation]입니다. '내비게이션이 없었을 때는 어떻게 운전하고 다녔을까?'라는 생각이 들 만큼 이제 길치들도 손쉽게 운전할 수 있어요. 모두 현실의 축적 그대로 복사하듯 재현한 미

실제와 똑같은 구글 어스(Google Earth) 정보

러 월드 덕분입니다.

구글 어스<sup>Google Earth</sup>도 마찬가지입니다. 구글 어스는 너무나 흥미로운 지구본이에요. 구글은 오래전부터 위성을 통해 얻은 이미지, 지도, 지형, 3D 건물 정보, 실제로 찍은 지구 곳곳의 사진들로 실제와 똑같은 지구본을 만들고 있어요. 구글 어스에 접속만 하면 우주 여행하듯 비행기를 타고 공중에서 지구 구석구석을 여행하는 느낌이 들지요.

## 현실반영 미러 월드

구글 어스를 활용해 미국에서 한 달가량 머물 집을 구한 적이 있었어요. 그 놀라운 경험을 여러분에게 간략히 공유하려고 합니다.

몇 년 전 겨울, 한 달가량 미국에 머물 일이 생겼어요. 혼자가 아닌 대식구 여덟 명이 생활해야 해서 큰 집이 필요했어요. 특히 할머니부터 유치원생까지 여러 세대가 생활해야 해 조건이 까다로웠어요. 방범과 안전 문제부터 방과 화장실은 몇 개인지, 밥을 해 먹어야 하니 부엌은 사용하기에 편리한지, 세탁은 가능한지 등 자질구레한 모든 조건이 중요했어요. 그런데 이런 것들은 에어비앤비Airbnb와 같은 앱을 통해 모두 확인할 수 있었어요. 집을 빌려주는 주인과 연락해 상세히 물어볼 수도 있었지요.

가장 큰 문제는 동네의 치안이었어요. 미국은 한국과는 사정이 전혀 달라요. 치안 문제는 더더욱 그렇지요. 일단 개인의 총기 소지가 허용되고 빈부격차도 한국보다 훨씬 커 길거리에서 살아가는 노숙자도 종종 볼 수 있어 전체적인 동네 분위기가 집을 선택하는 데 가장 중요한 기준이었어요. 그런데 사실 이런 문제는 직접 살아 보지 않고는 얻기 힘든 정보입니다. 에

어비앤비는 주로 집 안 구조만 많이 설명하거든요. 그래서 생각해 낸 것이 바로 구글 어스였지요.

구글 어스로 주소를 입력하고 '찾기' 버튼을 클릭하니 공간 여행하듯 저를 지구 반대편으로 데려가는 거였어요. 정말 눈 깜짝할 사이에 검색해 찾은 집 앞 도로에 서서 집을 바라보는 느낌이었어요. 미국 드라마나 영화에서 많이 본 가정집이었어요. 아바타를 이용해 걷는 것처럼 마우스를 클릭해 보도블록을 따라 걷기 시작했어요. 모퉁이를 도니 육교 같은 것이 나왔는데 약간 어둡고 외진 느낌이었어요.

조금 더 걸어가니 아니나 다를까 빈 박스 여러 개로 만들어진 노숙자 쉼터 같은 곳이 보였어요. 마시다가 길거리에 그냥 버려둔 캔들도 보였지요. 구글 어스는 있는 그대로의 거리를 찍어 반영해 이런 생생한 상황을 목격할 수 있었어요. 그 덕분에 이 집을 선택하는 중요한 기준을 하나 더 갖게 된 것이죠.

이런 기사를 본 적도 있어요. 일본에서 어릴 때 살던 집을 검색하던 한 사용자가 7년 전 돌아가신 아버지의 모습을 발견했어요. 그런데 너무 흥미로운 것은 길을 따라 조금 더 가 보니 양산을 쓴 엄마가 집으로 돌아오는 모습이 찍힌 거예요. 아버지는 집으로 돌아오는 어머니를 집 앞에서 기다리고 계셨던 거지요. 평소 무뚝뚝했지만 항상 가족이 먼저였던 자상한 아버지를 다시 느낄 기회가 되었다는 기사였어요.

4년 전 별세하신 할아버지와 할머니가 밭일을 나갔다가 사이좋게 집으로 돌아오시는 모습을 구글 어스를 통해 발견하고는 눈물을 흘렸다는 기사도 있어요. 이 사용자는 할머니 할아버지는 실제로 돌아가셨지만 구글 어스라는 메타버스 세계에서는 아직 살아계신 것 같은 느낌을 받았다고 합니다. 이것이 바로 미러 월드라는 메타버스의 유형이에요.


## 현실 테스트 디지털 트윈


미러 월드형 메타버스는 오늘날 등장하는 또 다른 기술인 디지털 트윈Digital Twin 기술과도 관련이 깊어요. 디지털 트윈은 가상공간에 현실의 그것과 똑같은 사물이나 세계를 만들어 현실에서 일어날 수 있는 상황을 미리 테스트하는 기술로 정의하고 있어요. 즉, 사용자의 다양한 데이터를 축적하고 여러 상황에 대한 모의 실험이 가능한 공간입니다. 시험 보기 전에 연습 문제를 풀거나 연주회에 가기 전 무대 연습하는 개념으로 생각하면 됩니다. 실전에 앞서 실전과 똑같은 방식으로 미리 연습을 해 본다면 실제 상황을 마주했을 때보다 수월하게 진행할 수 있습니다. 뿐만 아니라 문제적 상황이 닥치더라도 의연한 마음가짐과 태도로 문제를 해결할 수 있는 능력을 키울 수 있다는 장점이 있습니다.

그야말로 실제 상황을 간소화하거나 부분적으로 모형화해 실험하고 테스트하는 기존 시뮬레이션 성격을 이어받은 것이 바로 디지털 트윈 기술, 미러 월드라고 할 수 있어요.


## 길치가 사라지는 거울 세계

똑똑한 거울 세계가 등장하고 있어요. 무슨 말이냐고요? 미러 월드에 기반한 각종 서비스가 우리의 생활을 편리하게 해주고 있다는 말입니다. 대표적인 예가 내비게이션이에요. 이제 우리는 길을 몰라도 전혀 두렵지 않아요. 누구나 주소만 있으면 스마트폰의 내비게이션을 켜 목적지를 쉽게 찾아갈 수 있어요. 수년 안에 '길치'라는 말은 사라질지도 몰라요.

심지어 이 내비게이션은 지름길을 안내할 만큼 똑똑해요. 차로 가는 경우, 통행료를 내지 않아도 되는 길이나 기름값이 가장 싼 주유소, 근처에 주차할 만한 장소나 관광지도 알려줘요. 내비게이션을 활용한 또 다른 서비스는 바로 배달 앱입니다. 우리나라는 '배달 천국'이라고 할 만큼 각종 음식과 물건을 편리하게 배달받을 수 있어요. 빠른 배송으로 주문한 물건들은 당일에도 받을 수 있어요. 그렇지 않은 물건들도 아무리 늦어도 며칠 안에는 받을 수 있으니 참 편한 세상입니다. 우리는 배송이 올 것을 믿고 기다리기만 하면 됩니다.

## 음식 배달도 미러 월드

음식 배달은 좀 다르지요. 일단 너무 배가 고프니 주문한 음식이 언제 올지 궁금해합니다. 배달 앱이 없던 시절에도 전화로 중국집에 짜장면을 주문하면서 "얼마나 걸려요?"라고 꼭 물어보고는 했지요. 종업원이 대답한 20분, 30분을 기다리며 굶주린 배를 부여잡았던 기억이 우리에게 있어요. 배달 시간이 오래 걸리면 당장 전화해 "아직 멀었나요?"라고 다시 물어보기도 했어요. 물론 그럴 때마다 중국집 아저씨는 "방금 출발했습니다"라고 대답했지요.

오늘날 배달문화는 많이 바뀌었어요. 식당 문이 닫힌 늦은 시간, 너무 배고파 배달 앱을 켜 음식 주문을 해요. 주문을 확인하니 35분이 걸린다는 메시지를 받습니다.

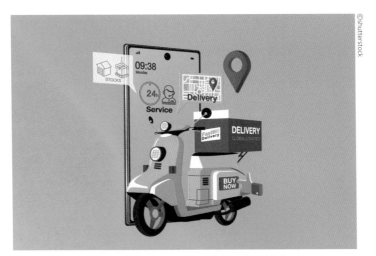

주문 정보와 라이더의 움직임을 확인할 수 있는 배달 앱

조리하는 데 걸리는 시간이 지난 후 배달할 라이더 정보도 미러 월드에 뜹니다. 심지어 오토바이로 오는지, 차로 오는지에 대한 정보도 확인할 수 있어요. '배달을 시작합니다'라는 메시지와 함께 우리는 라이더의 움직임을 두 눈으로 확인할 수 있어요. 물론 스크린에서 말이지요.

전화로 주문하든 앱으로 주문하든 음식 도착 시간 정보를 어떤 형태로든 우리는 알게 되지만 눈으로 라이더의 움직임을 보는 것은 마냥 시계만 보며 기다리던 예전과는 차원이 다른 경험입니다.

라이더가 이동하는 모습을 보는 것도 무척 실감 나요. 카 레이스<sup>Car Race</sup> 게임을 보는 것 같거든요. 우리 집 근처에서 라이더가 움직이지 않는다면 거의 다 왔다는 뜻입니다. 우리 집이 아파트라면 라이더가 엘리베이터를 타고 올라오는 중일 테고 일반주택이라면 곧 벨 소리가 들릴 거예요.

자, 이제 맛있는 식사를 하기만 하면 되겠지요?

## 게임에서 살아가기, 가상 세계

### 〈어몽어스〉!
#### 언제 어디서나 모험을 즐겨

메타버스의 가장 큰 부분은 게임 세계입니다. 메타버스 유형 논의를 처음 시작한 2006년, 미국 미래 가속화 연구재단<sup>ASF;</sup> <sup>Acceleration Studies Foundation</sup>은 게임 세계를 버추얼 월드<sup>Virtual World</sup>라고 명명하며 설명했어요. '가상 세계'라는 용어는 현실 세계의 반대 개념으로 많이 쓰여 헷갈릴 수 있어요. 사실 이 네 번째 메타버스 유형인 '가상 세계'가 게임 세계를 의미하는 것으로 생각해도 됩니다.

게임이 어떤 세계인지 굳이 말하지 않아도 될 만큼 게임은 우리 모두에게 익숙하고 친근하지요. 특히 어른들보다 우리 10대 친구들에게 게임은 삶과 분리할 수 없는 놀잇감이자 커뮤니티입니다.

몇십 년 전만 해도 오락실이라는 별도의 특별한 공간에서만 게임을 즐길 수 있었어요. 물론 이 오락실은 오늘날 PC방으로 진화했고 여전히 많은 플레이어가 PC방에서 게임을 즐깁니다. 하지만 지금은 각 가정에서나 내 손안의 스마트폰으로 아무 때나 얼마든지 즐길 수 있어요. 장소와 시간의 구애 없이 게임 세계로 들어갈 수 있게 되었어요.

게임 세계에서 우리는 현실 세계에서는 경험하지 못한 수많은 사건을 경험합니다. 현실 세계에서는 개미 한 마리 죽이지 못하고 도망가고 벌레를 무서워하지만 게임 세계에서는 용감한 용사가 되지요. 현실의 '나'보다 몇 배나 크고 엄청난 근육으로 뒤덮인 몬스터들을 한칼에 때려잡는 용사 말입니다.

현실에서는 어려서 할 수 없는 일들도 게임에서는 할 수 있어요. 앵두를 따며 낯선 섬에서 혼자 살아보거나 카레이서가 되어 스피드 넘치는 레이스도 즐길 수 있어요. 공주를 구하러 모험을 떠나거나 좀비로 변해 버린 세상을 구하기 위해 악과 싸우기도 합니다.

우주선을 타고 여행을 떠나려는데 의문의 살인 사건이 일어나기도 합니다. 크루를 모두 처치하려는 범인 임포스터를 찾아내는 미스터리한 모험을 여러분은 매일 경험하고 있지 않나요? 〈어몽어스〉 세계에서 말이에요.

## 죽었다가 살아나는 것도 자유자재

위험천만한 이 모든 사건이 가능한 것은 죽었다가 다시 살아날 수 있는 여러 개의 생명 시스템 덕분입니다. 환생은 현실에서는 결코 일어날 수 없지요. 현실에서 우리의 생명은 하나뿐입니다. 그래서 우리는 항상 가슴을 졸이며 위험한 일은 피하려고 애쓰고 있어요.

또한, 시간은 돌이킬 수 없어요. 한 번 지나간 시간은 다시 돌아오지 않으므로 실수하지 않기 위해, 실패하지 않기 위해 매번 노력하고 노심초사합니다. 어른들의 충고와 조언을 귀담아들어야 하는 것도 이 때문이지요. 똑같은 실수를 저지르지 않기 위해 우리는 매 순간 신경을 곤두세우고 노력합니다.

하지만 게임은 그렇지 않아요. 게임에서는 여러 번 살 수 있어요. 현실의 시간과 공간 개념은 모두 사라지고 게임을 지배하는 새로운 규칙으로 채워져 있어요. 플레이어인 우리는 죽었다가 살아나기를 반복하며 게임 세계를 지배하는 규칙을 배웁니다.

게임에서의 죽음은 끝이 아닌 또 다른 시작을 의미해요. 죽음을 통해 실수를 만회할 또 다른 기회를 부여받습니다. 게임에서의 죽음은 새로운 도전 기회라고 할 수 있어요.

## 누구나 친구가 될 수 있는
## 게임의 세계

게임에서는 새로운 친구도 많이 만날 수 있어요. 현실에서 친구를 사귈 수 있는 공간은 한정되어 있어요. 학교, 학원, 동네 놀이터 정도 아닐까요? 잘 생각해 보면 이렇게 만나는 친구들은 모두 동네 친구이고 비슷한 나이 또래지요.

하지만 게임에서는 달라요. 먼 지역이나 외국의 친구도 만날 수 있어요. 나이는 어떤가요? 또래 친구부터 어른까지 모두 친구가 될 수 있는 세계가 바로 게임입니다. 게임에서는 정말 계급장 떼고 모두 평등한 입장으로 만나거든요.

특히 게임은 이렇게 만난 친구들이 함께할 수 있는 공동 목

협업의 중요성과 가치를 학습하는 게임

표를 제시해 줍니다. 퀘스트나 미션 형식으로 말이지요. 혼자서는 할 수 없는 어려운 미션을 던져 주기도 합니다. 파티를 맺거나 길드를 만드는 것은 플레이어들의 선택이자 자유입니다. 플레이어들은 혼자 문제를 해결하려고 하다가 함께 해결해야 할 문제라는 것을 금세 인식합니다. 그래서 스스로 팀을 짜고 머리를 맞대지요. 자연스럽게 협업의 중요성과 가치를 학습하게 되지요. 함께 할 때 더 즐겁게, 더 오래, 더 효율적으로 문제를 해결할 수 있다는 것을 배웁니다.

　더 중요한 가치는 던전에 함께 들어간 친구들, 내 기지를 함께 지켜낸 동료들, 임포스터를 함께 찾아낸 크루들은 왠지 모를 연대감을 갖는다는 거지요. 함께 어려운 일을 해낸 데서 오는 동료애와 성취감이 플레이어들에게 자연스럽게 생깁니다. 그렇게 되면 그 어떤 관계보다 훨씬 끈끈한 사이가 될 수 있어요. 몇 살인지, 어디에 사는지, 남자인지 여자인지 이런 정보는 중요하지 않고 상관도 없어요.

## 진정한 게임,
## 좋은 게임의 조건

게임에는 분명히 문제가 되는 부분들이 있습니다. 없다고 말하면 게임만 옹호하는 너무 편파적인 태도일 것입니다. 게임은 태생적으로 플레이어의 몰입을 유도하는 측면이 있어요. 게임을 만드는 사람들은 플레이어들을 더 깊이 게임에 몰입시킬 방법을 고민하며 게임을 디자인합니다. 게임 개발자들의 이런 태도는 너무나 당연합니다.

그것은 사실 선생님들이 매 순간 학생들이 공부를 즐겁게 자발적으로 몰입하게 만들 방법을 고민하시는 것과 같아요. 영화감독이나 웹툰 작가가 매혹적인 스토리텔링을 하는 것과 같지요. 실제로 게임 개발자들은 정말 엄청난 예산을 들여 플레이어들이 게임하는 반응을 연구합니다. 즐겁게 몰입하는 부

분은 더 강조하고 게임에서 이탈하는 원인은 찾아내 수정합니다. 그래서 게임에 한 번 재미를 붙이면 그만두기가 쉽지 않아요. 특히 현실에서 풀어야 할 숙제는 너무 어렵고 힘겹습니다. 고단하고 피곤한 시간과는 너무나 대비되는 종류의 사건들이 게임 세계에서 펼쳐지기 때문에 우리는 대부분 현실을 회피하고 게임 세계로 도망치고 싶어집니다.

이런 마음은 너무나 자연스러운 것입니다. 공부보다 노는 것이 즐거운 것은 만고의 진리니까요. 하지만 그럴 때마다 우리 스스로 절제해야 합니다. 게임 세계에 너무 많은 마음을 빼앗기면 현실 생활을 정상적으로 보내는 데도 분명히 문제가 생기니까요.

특히 최근 많은 게임이 '자동전투' 시스템과 같은 디자인을 적용하고 있습니다. 플레이어 자신이 직접 생각하고 선택하고 행동하는 것이 아니라 정말 아무 의미도 없는 클릭이나 터치만으로 게임이 진행되는 것은 정말 큰 문제입니다. 생각을 통해 비판적 시각을 갖기보다 자칫 판단력 없는 클릭만 지속하게 되기 때문이지요. 의미 없는 반복적인 동작과 행위는 분명히 문제가 있어요.

정말 좋은 게임들은 플레이어가 많은 생각을 하게 만들어요. 플레이어의 매 순간 선택과 행위에는 모두 큰 의미가 숨어 있어요. 다음 스텝, 그다음 스텝을 고려하면서 지금 단계의 선택을 하기 때문이에요. 기본적으로 게임은 우리가 구체적인 목표를 정하고 그 목표를 향해 문제를 단계적으로 해결해 나가는 방법을 학습시켜 줍니다. 또한 여러 선택 중에서 가장 효율적인 선택은 무엇인지, 특정 상황에 가장 적합한 선택은 어떤 것인지를 구별하고 전략을 짜는 방법도 가르쳐 줍니다. 협업을 위해 팀을 조직하는 절차와 방법, 함께 몬스터를 때려잡으면서 얻는 보상에 대한 공정한 분배에 대해서도 실질적인 플레이 경험을 통해 가르치지요. 그야말로 인생의 여러 가르침을 학습하게 해 주는 것이 좋은 게임입니다.

따라서 우리는 표면적으로 드러나는 게임의 부정적인 문제들 위에 게임의 순기능이 존재하고 있음을 기억하고 긍정적인 면을 확장할 방법을 고민하고 찾아보는 연습이 필요할 것입니다. 그것이야말로 진정한 게임 세계에서 잘 살아남는 유일한 방법일 테니 말입니다.

## 부캐들의 행진

### 본캐, 부캐 너는 누구니

가상 세계에서의 경험이 확장되면서 우리를 새로운 문화로 이끄는 가장 재미있는 현상은 부캐 문화가 아닐까 싶습니다.

부캐들의 행진, 부캐 대잔치라고 이름 붙여도 될 만큼 우리는 대부분 최소 2~3가지 이상 부캐를 만들어 메타버스에서 살아가고 있습니다. 그야말로 현실 세계를 살아가는 본캐와 메타버스의 부캐 사이를 오가며 버라이어티한 삶을 살아가고 있어요.

부캐는 원래 게임 월드에서 쓰던 말이었어요. MMORPG와 같은 PC 온라인 게임에서는 플레이어가 조종할 수 있는 캐릭터를 여러 개 만들 수 있거든요. 플레이어들은 자신이 집중해 성장시켜야 하는 캐릭터를 본캐, 부가적으로 키워야 하는 캐릭터를 부캐라고 불렀어요.

모든 플레이어는 처음 캐릭터를 만들 때 엄청나게 고심합니다. 캐릭터는 자신의 분신과도 같아 외모, 능력치, 스킬, 탄생 배경, 성격까지 신경 쓰다 보니 자연스럽게 엄청난 애정을 가질 수밖에 없는 존재로 성장하지요. 하지만 게임을 플레이하다 보면 하나의 캐릭터만으로는 게임 안의 모든 콘텐츠를 경험할 수 없다는 것을 깨닫게 됩니다. 본캐로는 가 보지 못한 세상, 만나지 못한 NPC와 몬스터 등을 통한 경험하기 위해 플레이어들은 드디어 부차적인 캐릭터<sup>부캐</sup>를 생성해요.

부캐를 위한 시간과 노력을 쏟다 보면 때로는 본캐보다 부캐가 더 높은 레벨로 성장하거나 부캐에 대한 애정이 더 깊어질 때도 있어요. 본캐가 부캐가 되고 부캐가 본캐가 되는 관계의 역전 현상도 종종 나타납니다.

게임에서만 주로 쓰이던 본캐와 부캐라는 용어가 어느 날 방송 프로그램에서도 보이기 시작했습니다. '마미손'이라는 래퍼<sup>Rapper</sup>를 기억하세요? 마미손 고무장갑을 떠올릴 만한 분홍색 복면을 쓰고 오디션 프로그램에 출연해 경연을 벌였지

현실을 살아가는 본캐와 메타버스의 부캐 사이를 오가며 생활하는 우리

요. 대중은 그가 실제로 누구인지, 즉 본캐가 누구인지 맞추려고 많이 애썼지요. 마미손은 "자신이 인기 많은 아티스트<sup>Artist</sup>였지만 그 이미지에서 탈피하려고 새로운 캐릭터를 만들어 경연 프로그램에 참가한 것이니 본캐에 대해 궁금해하지 말아달라"고 했어요. 기존 고정 관념과 이미지에서 탈피해 새로운 인물로 태어나 새로운 음악을 하고 싶었기 때문이지요.

## 확산되는 부캐 문화

연이어 국민 MC 유재석은 MBC 〈놀면 뭐하니?〉 프로그램에서 유산슬, 유두래곤, 유르페우스, 지미유, 유야호 등 엄청난 수의 부캐를 끊임없이 생성했습니다. 그는 부캐를 만들 때마다 캐릭터의 배경 스토리도 설정하고 외모와 의상도 그에 걸맞은 변신을 시도해 구경하는 재미를 쏠쏠하게 만들었어요. 현재 부캐가 있는 연예인 중 가장 많은 부캐를 갖고 있다니 앞으로도 기대해 볼 만하지요?

연예인의 부캐 활동은 배우가 연기하듯 다양한 캐릭터의 향연을 경험할 수 있다는 면에서 매력적이에요. 사실 같은 인물이지만 아닌 척, 정말 무시하고 새로 정해진 설정에서 다른 성격과 역할로 연기하고 노래 부르고 활동했기 때문에 대중은 그들의 그런 활동에 흥미를 느끼고 지지하기 시작했어요.

무엇보다 흥미로운 점은 이런 부캐의 활동이 연예계라는 특정 분야가 아닌 일반 사회로도 확산되고 있다는 것입니다. 부캐 문화가 일종의 사회 현상이 된 것이지요.


## 주인공이 되고 싶은 아바타

우리는 왜 이렇게 부캐를 갖고 싶어 할까요? 어떤 이유로 이 부캐 문화에 긍정적인 신호를 보내는 걸까요? 각자 이유가 있겠지만 가장 큰 이유는 자기 안에 있는 또 다른 자아의 표출이 아닐까 싶어요.

메타버스 안에서 활동하는 내 캐릭터를 만들 때의 우리 모습을 자세히 생각해 보면 그 해답을 찾을 수 있어요. 아바타로 불리는 캐릭터는 플레이어가 메타버스 세계로 들어 가는 도구이자 가면과 같은 존재지요. 형식적으로는 2D, 3D 그래픽과 프로그래밍으로 구현된 인공적인 이미지입니다.

내용 면에서 보면 현실의 나를 대신하는 메타버스 세계의 의미 있는 허상의 주체라고 할 수 있어요. 아바타는 나를 대신하는 존재인 동시에 메타버스 안에서 실제로 일어나는 다양한 사건을 직접 경험하고 파헤치는 주인공이자 주체입니다. 메타버스 세계에서 어쩌면 가장 중요한 인물이 되고 그렇기 때문에 우리는 이 중요한 인물을 생성하는 데 엄청난 노력과 에너지를 쏟는 것입니다.

아바타나 캐릭터를 만드는 과정을 지켜보는 것도 정말 재미있어요. 어떤 친구들은 나와 전혀 다른 모습의 캐릭터를 만듭니다. 몸집이 작고 힘도 없어 보이는 친구들은 힘세고 강인한 느낌의 캐릭터를 만들어요. 평소 애교와는 거리가 먼 친구들도 강아지나 고양이와 같은 귀엽고 다정다감한 캐릭터를 만들어 활동하고는 해요.

이는 내면에 숨어 있던 또 다른 욕망이 발현된 것이라고 볼 수 있겠지요. 메타버스 세상은 내가 누구인지 밝히지 않아도 되는 익명성을 보장받는 세상이니까요. 현실의 모습과 다른 자아를 표출하는 도구가 바로 부캐인 것이고 이런 경우, 부캐는 멀티 페르소나Multi Persona로 여러 개의 또 다른 나를 만들어 다양한 경험과 실험을 해본다는 데서 의미를 찾을 수 있어요.

반대로 현실의 나와 너무나 똑같은 이미지로 캐릭터를 만들기도 해요. 이는 어쩌면 내 존재를 그대로 유지한 채 더 넓은 세계로 확장하려는 의도가 있다고 할 수 있어요. 아직 경험하지 못한 세상으로의 여행을 떠나는 것과 같다고나 할까요?

## 꿈꾸던 내 모습 〈제페토〉

최근 가장 핫한 메타버스 중 하나인 〈제페토〉의 경우, 많은 사용자가 자신의 얼굴을 그대로 찍은 사진을 바탕으로 캐릭터를 만들고는 합니다. 물론 수정을 좀 해야 하지요. 얼굴은 더 갸름하게, 코는 더 오똑하게, 눈은 크고 속눈썹은 길게, 머리는 곱슬거리는 파란 머리로 꾸며 봅니다. 평소 꿈꾸던 내 모습을 캐릭터로 대신 구현하는 것입니다. 심지어 연예인이 입는

명품 옷도 게임 속 아바타는 얼마든지 입힐 수 있습니다. 또한, 내 아바타에게 입힐 옷을 내가 원하는 스타일로 만들 수도 있어요. 내 욕망을 마음껏 표현하고 표출할 기회를 메타버스의 부캐가 대신해 주는 것입니다. 우리의 그런 부캐를 보고 있노라면 왠지 모를 미소가 지어집니다.

이런 부캐는 반드시 아바타와 같은 인공적인 이미지로만 만들어지는 것은 아닙니다. 우리가 유재석처럼 TV 프로그램을 통해 다양한 부캐를 만들어 다른 사람과 소통하고 공유할 수 있는 것은 아니지만 유튜브나 웹 포털에서 부캐를 만들고 우리의 활동 범위를 넓혀 나갈 수 있습니다.

현실에서는 음악을 전공하는 예술중학교 학생이지만 유튜브에서는 콘텐츠 크리에이터로 활동하는 친구, 현실에서는 평범한 학생이지만 카카오페이지에서는 웹툰이나 웹 소설 작가로 활동하는 창작자도 있습니다. 트위터Twitter나 카카오톡Kakao Talk과 같은 SNS에서는 유명인, 기업, 브랜드를 대신하는 봇을 운영하는 친구도 여럿 있습니다. 물론 봇은 표현의 자유라는 관점에서는 새로운 놀이 문화로 인정할 수 있지만 알려진 사람을 사칭해 사기를 치거나 악용되는 사례도 있으니 조심해야 한다는 것을 기억하기 바랍니다.

이 모든 일은 개인의 다양성을 중시하는 사회가 되었고 기술 발달로 누구나 손쉽게 다양한 콘텐츠를 만들어 다른 사람에게 보여 주고 공유할 수 있는 시대가 되었기 때문이라는 점도 기억하기 바랍니다.

## 곧 만나자! 페르소나

부캐의 활동은 앞으로도 점점 커지고 중요해지지 않을까요? 어쩌면 게임에서처럼 부캐가 본캐보다 더 중요한 역할을 하고 삶에서 더 큰 비중을 차지할 수도 있어요. 그야말로 부캐가 본캐가 되고 본캐가 부캐가 되는 시대가 될 수도 있습니다.

두렵다고요? 꼭 그렇게만 생각하지 마세요. 부캐도 결국 내게 잠재되어 있던 여러 페르소나 중 하나의 발현일 뿐입니다. 부캐는 어쩌면 내가 아직 잘 모르는 영역에 도전하고 테스트하려는 내 숨은 이면이에요. 나의 가능성을 찾아내는 새로운 기회를 줄 수 있지요. 지금은 내가 잘 모르는 나, 하지만 앞으로 만나게 될 내 모습이 바로 부캐이지 않을까요?

더 알아봐요!

## 세컨드라이프란?

　세계 최초의 메타버스는 2003년에 등장한 '세컨드라이프<sup>Second Life</sup>'를 꼽을 수 있어요. 세컨드라이프는 브랜드 이름에서도 알 수 있듯이 현실에서 살아가는 우리에게 현실과는 다른 두 번째 인생을 살아갈 기회를 주는 세계였습니다.

　현실의 '나'와 다른 모습으로 꾸미고 내가 살고 싶은 집에서 새로운 친구를 만나 생활할 수 있었지요. 심지어 하늘도 날 수 있으니 플레이어들은 정말 제2의 인생을 사는 것처럼 느낄 수 있었어요.

　특히 플레이어들은 이 세계의 모든 오브젝트<sup>Object</sup>를 직접 창조할 수 있었어요. 아바타가 입을 수 있는 의상, 헤어, 아이템뿐만 아니라 자전거와 같은 탈 것, 애완동물, 집까지 만들 수 있었어요. 안시 청이라는 사용자는 세컨드라이프에서 부동산 사업으로 백만장자가 되기도 했습니다. 세컨드라이프에서는 가상 세계에서 벌어들인 사이버 머니를 실제 달러로 환전해 줄 수 있었거든요. 하지만 컴퓨터 성능과 네트워크 속도 등의 문제로 세컨드라이프의 성장세는 꺾이고 말았습니다. 하지만 이런 혁신 덕분에 오늘날의 메타버스가 가능해지지 않았을까요?

## 시뮬레이션이란?

시뮬레이션<sup>Simulation</sup>이란 복잡한 문제를 해결하기 위해 실제와 비슷한 환경과 상황을 임의로 만들어 놓고 해결의 실마리를 찾아내는 개념입니다. 실제 우리가 학교에서 보는 모의고사는 본 시험에 앞서 보는 시뮬레이션의 일종이고 공연 리허설도 본 공연 이전에 펼쳐지는 시뮬레이션입니다. 축구 경기 전에 진행하는 연습 게임도 시뮬레이션에 해당합니다. 실제와 비슷한 환경을 조성해 미리 체험한다는 데 의미가 있어요.

컴퓨터 그래픽 기술을 활용한 시뮬레이션은 일찍이 군사 훈련에 활용되었어요. 총기 사용이나 사격 훈련을 위해 전쟁 상황을 가상 세계에 구현해 연습했던 것입니다. 항공기 조종사들도 비행 시뮬레이션을 합니다. 요즘은 자동차 운전 면허를 따기 위한 운전 연습도 컴퓨터 시뮬레이션을 활용합니다. 메타버스 세상에서 시뮬레이션 기술을 다양하게 활용하고 있습니다.

3장

메타버스에
있는 사람들

# 메타버스를 운전하는 디지털 네이티브

## X→Y→Z→MZ에 이어
## 알파 세대

세대마다 지칭하는 이름이 있다는 것을 알고 있나요?

이 글을 쓰는 저는 X세대였습니다. X세대의 대표적 특징은 주변 눈치를 보지 않는다는 것입니다. 주로 개성파가 많고 감각적인 문화를 좋아합니다. 여러분의 부모님이 대부분 X세대 아니었을까요?

X세대 이후에 태어난 세대를 Y세대, 밀레니얼Millennial 세대, 에코Echo 세대라고도 부릅니다. 그들은 1980년대 초반부터

2011년부터 2015년 사이에 태어난 알파 세대

2000년대 초반 사이에 출생했습니다. 그리고 1990년대 중반부터 2010년대 초반에 태어난 세대를 Z세대라고 불러요. 요즘 핫한 세대인 MZ세대는 밀레니얼 세대와 Z세대를 통칭하는 말입니다.

X, Y, Z 알파벳이 끝났으니 2010년 이후에 태어난 세대는 뭐라고 불러야 할까요? '알파<sup>Alpha</sup> 세대'입니다. 알파 세대는 2011년부터 2015년 사이에 태어난 세대예요. 그다음 세대는 아마도 '베타<sup>Beta</sup> 세대'라고 부르지 않을까요?

## Z세대와 알파 세대는 무엇이 다를까

세대 명칭은 매우 다양합니다. 그런데 여기서 주목할 것은 Z세대와 알파 세대입니다. 그들은 어려서부터 디지털 기술과 함께 삶을 영위해 왔다는 특징이 있습니다. 우리 삶은 디지털 기술과 어떻게 직접 연결되어 있을까요? 우리 친구들 세대인 Z세대와 알파 세대를 더 자세히 말해 볼까요?

여러분은 아침에 어떻게 눈을 뜨나요? 물론 엄마가 깨우는 소리에 눈뜨거나 강아지의 애교에 벌떡 일어나는 친구도 있겠지요. 하지만 자립심 강한 친구라면 기상 시간을 알려주는 스마트폰의 알람 소리에 매일 아침 눈뜨지 않나요?

버스 탈 때도 스마트폰을 척 갖다 대지요. 종이 문제집 대신 태블릿으로 시험 공부를 하거나 온라인으로 수업을 듣기도 합니다. 하루의 정리는 브이로그로 유튜브에 남겨 놓습니다. 잠잘 때는 또 어떤가요? ASMR을 들으며 꿈나라로 여행을 떠납니다.

눈 뜨고 일어날 때부터 잠잘 때까지 우리는 디지털 환경에 둘러싸여 있어요. 메타버스 세계에서 살아간다고 해도 과언이 아니지요. 이처럼 디지털 세상에서 태어나 디지털 기술과 함께 하루하루를 살아가는 우리를 디지털 네이티브Digital Native라고 불러요.

디지털 네이티브는 태어날 때부터 메타버스 세상과 마주했어요. 숨 쉬는 공기처럼 메타버스 세계는 항상 친숙하고 자연스럽습니다. 네이티브라는 영어 단어의 뜻처럼 그들은 태어날 때부터 선천적으로 본능적으로 디지털과 친숙합니다. 연필보다 컴퓨터 마우스와 스마트폰을 먼저 손에 쥐었어요. 종이책보다 유튜브의 수많은 교육용 영상을 클릭하며 성장하는 세대입니다. 내 마음을 달래줄 펫 입양도 〈로블록스〉에서 합니다.

## 적극적인 능력자들, 디지털 네이티브

그렇다면 디지털 네이티브는 어떤 특성이 있을까요?

디지털 네이티브는 기본적으로 멀티플레이에 익숙한 세대에요. 여러 가지 일을 동시에 수행하는 데 익숙해요. 온라인 수업을 하면서 인터넷으로 자료를 찾습니다. 그래서 수업 중에 게임을 하는 친구가 많은 것인지도 모르겠어요. 그러면 안 되지만 멀티플레이에 익숙한 세대라 한 가지만 하는 게 왠지 느리고 답답하게 느껴져요.

여러 가지 일을 수행하는 디지털 네이티브(Digital Native)

메타버스 세계에 새로운 일이 없는지 호기심에 열심히 돌아다니며 샌드위치를 먹고 학습지를 보내 달라는 친구의 메신저에 파일 보내기를 누르는 능력자들! 그런 능력자가 바로 메타버스를 살아가는 우리지요.

책도 한 권씩 보지 않아요. 학교에서 보는 책, 집에서 보는 책, 저녁에 보는 책이 전부 다릅니다. 한꺼번에 여러 종류의 책을 읽는 데 익숙한 거지요. 게임할 때 본캐와 수많은 부캐를 한꺼번에 키워 낼 수 있는 것도 이런 멀티플레이가 가능하기 때문입니다.

또 다른 특징은 무엇일까요? 디지털 네이티브는 자신을 드러내는 데 적극적이에요. 누가 볼까 봐 자물쇠까지 채우고 그

것도 모자라 책상 서랍 안쪽에 고이 넣어 둔 일기장 시대는 이미 지나갔어요.

우리 디지털 네이티브는 자기 생각을 남들 앞에서 당당히 말하고 서슴지 않고 의견을 개진해요. 모르는 사람에게도 말이지요. 누구나 하나씩 가진 블로그, 유튜브 채널, 〈제페토〉의 비밀방을 통해 세상을 향해 자신의 목소리를 내는 데 주저하지 않습니다.

관심 있는 일에는 뒷짐 지고 관망하기보다 적극적으로 참여합니다. 무슨 일이 있으면 광장에 뛰쳐나와 함께 응원하고 지지합니다. 그것이 아이돌과 같은 스타를 향한 지지이든 정치적, 사회적 일이든 가리지 않습니다.

특히 이런 참여는 문화 콘텐츠를 대하는 우리를 향유자에서 또 다른 창작자로 만드는 계기가 됩니다. 글로벌 스타가 된 BTS를 키워 낸 것도 사실 이런 적극적인 참여 태도를 가진 우리 디지털 네이티브지요.

우리 디지털 네이티브는 우리 스스로 아미A.R.M.Y.라고 칭하며 메타버스 세계에서 뮤직비디오를 전 세계 디지털 네이티브에게 전파하느라 애썼습니다. 영상 번역도 자발적으로 하고 각종 프로그램에 출연한 영상과 이미지로 새로운 영상을 만들어 유튜브에 올리기도 했어요. '방탄의 세계화'라는 공동 목표를 가진 참여 문화에 익숙한 연대가 팬덤이라는 이름으로 언어의 장벽을 넘어 움직이기 시작한 거지요.


## 세상을 변화시키는
## 능동적인 참여자들


메타버스를 이끄는 〈로블록스〉도 사용자 참여에서 특이점이 있습니다. 〈로블록스〉는 사실상 제작사에서 만들어 제공하는 게임이라기보다 사용자 스스로 게임을 만들고 친구가 만든 게임을 즐기는 형태로 발전하고 있습니다.

결국 메타버스 세상의 발전을 주도하는 역할을 우리 디지털 네이티브가 하고 있어요. 스스로 콘텐츠를 만들고 즐길 거리를 주체적으로 찾는 세대가 우리 10대들입니다. 문제가 생기면 혼자 끙끙 앓기보다 공개적으로 도움을 청하고 함께 문제를 해결하려고 노력하는 세대이기도 하지요.

사회 문제, 정치 이슈에 대해서도 이런 참여 문화는 그 위력을 발휘하고 있어요. 특히 한국을 모르는 외국인들에게 한국의 문화와 역사를 알리기 위해 노력하는 반크Vank는 인터넷 외교 사절단으로 유명해요. 특히 한국에 대한 잘못된 인식을 고

치기 위해 자료를 모아 시정을 요구하기도 합니다.

독도가 우리나라 땅이라는 사실을 알리는 외교 프로젝트를 진행한 것이 그 예지요. 독도를 일본 땅이라고 설명하는 일본 정부의 중학교 교과서 해설서에 문제를 지적하고 자발적으로 기부금을 모아 《뉴욕타임스New York Times》에 독도가 우리 땅이라는 광고를 게재하기도 했습니다.

세상을 변화시키는 능동적인 참여자로서의 이런 성향은 메타버스 세상에서 살아가는 우리의 적극적인 태도를 반영한 것입니다.


## 디지털 네이티브,
## 나를 중심으로 세상이 돌아간다

게임과 같은 메타버스 세계는 '하는 문화'를 자극해요. 올드 미디어Old Media라고 할 수 있는 영화를 비교해 보면 게임의 이런 특성은 더 잘 드러납니다.

우리가 즐겨 찾던 기존 영화는 어두운 극장 의자에 등을 깊숙이 기댄 채 수동적인 관람을 유도하는 미디어였습니다. 우리가 주인공의 안전을 아무리 바라고 외쳐도 주인공은 폭탄

속으로 직진합니다. 영화 줄거리는 우리가 바꿀 수 없는, 이미 완성된 형태임을 잘 알기 때문에 영화를 보면서 아무도 적극적인 액션을 취하지 않습니다.

게임은 어떤가요? 스크린 앞에 바짝 다가가 키보드, 마우스, 터치를 이용해 직접 움직이고 활을 쏘게 하는 미디어에요. 우리는 게임 세계의 이야기를 이끌어 가는 주인공입니다. 우리가 움직이지 않으면 게임 세계의 이야기는 진행되지 않을 뿐만 아니라 게임 세계는 아무 의미도 없어집니다.

게임 세계를 이끌어 가는 주인공은 바로 '나'입니다. 게임은 그야말로 우리가 게임 세계에 적극적으로 참여하도록 하는 상호작용적인interactive 특성을 강조하고 있어요.

그렇기 때문에 게임과 같은 디지털 세계 언어에 익숙한 디지털 네이티브는 자신이 어떻게 행동하고 선택하느냐에 따라 환경과 세계가 충분히 바뀔 수 있다는 의식을 자연스럽게 갖게 된 것입니다. 특정 상황에 즉각 반응해 행동에 옮기는 특징도 게임에서 배웠지요. 디지털 네이티브는 세계는 나를 중심으로 돌아가야 하고 실제로도 나를 중심으로 돌아간다고 믿는 매우 적극적인 세대입니다.

## 이번 탑승자는
## 디지털 노마드 씨

### 정착할 필요 없는
### 디지털 유목민 탄생

메타버스에서 살아가는 우리는 너무 떠돌이와 같은 생활을 한다는 생각을 가끔 합니다. 한군데 정착해 안정적으로 한 가지 일만 하고 살아가던 부모 세대와 다른 방식으로 생활하고 있어요.

우리에게 이동은 어쩌면 필연적인 듯싶어요. 우리는 현실과 가상 세계를 수시로 오가며 생활을 이어가고 있어요. 그렇다고 두 세계가 분리된 것은 아닙니다. 우리는 종횡무진 이 두 세계 사이에서 이동하고 있지만 최첨단 디지털 기기에 의해 두 세계는 항상 연결되어 있어요. 연결된 확장 세계가 바로 메타버스입니다.

쉽게 생각해 볼까요? 학교생활을 떠올려 보세요. 교실에서 수업을 받지만 그 내용을 온라인에서 볼 때도 많지요. 특히 대학생 형과 언니의 수업은 대부분 온·오프 병행 수업으로 진행되고 있어요. 수업은 24시간 연결되어 있어 언제든지 다시 볼 수 있어요.

하버드대보다 들어가기 어렵다는 대학도 있습니다. 캠퍼스가 없는 미네르바 스쿨<sup>Minerva School</sup>입니다. 미네르바 스쿨의 모든 수업은 온라인 화상으로 진행됩니다. 학생들은 카페에서 접속하든 도서관에서 접속하든 집에서 접속하든 상관없어요.

교수님도 대학이라는 건물에 있지 않아요. 전 세계 일곱 도시에 흩어져 살고 계세요. 학생들은 수업 전 미리 강의 영상이나 책으로 공부하고 화상 수업은 토론으로 진행됩니다. 그야말로 메타버스에서 수업이 진행되는 메타버스 대학이지요.

메타버스 시대의 우리는 굳이 한군데 정착해 살아갈 필요가 없어졌어요. 내가 어디 있든 모든 것이 항상 연결되어 있기 때문입니다. '한 달 제주도 살기'가 가능한 것도 이 연결 덕분입니다. 이런 21세기형 신인류를 디지털 노마드<sup>Digital Nomad</sup>, 즉

다양한 장소에서 항상 디지털 기기를 켜는 디지털 노마드

디지털 유목민이라고 불러요.

사전에서 '유목민'이라는 단어를 찾아보면 '일정한 가축을 방목하기 위해 항상 목초지를 찾아 이동하며 생활하던 민족'으로 나옵니다. 주로 채집과 사냥을 하던 고대인들은 모두 유목민이었지요. 대표적인 유목민으로 몽골인을 꼽을 수 있어요. 그들은 철새가 따뜻한 곳을 찾아 이동하듯 살기 좋은 곳, 자연의 먹거리를 찾아 이동하며 생활했습니다.

유목민들은 자연환경이 변할 때마다 거주에 필요한 모든 짐을 싸 빠르게 이동해야 했어요. 그래서 빠르게 짐을 싸고 풀기에 유용한 간소함을 선호했어요. 또한 휴대할 수 있도록 가벼운 물건, 이동하기에 편한 물건을 중요하게 생각했습니다.

## 자유로움과 혁신의 상징
## 디지털 노마드

유목민의 유산은 지금 메타버스 시대에 고스란히 전달되고 있습니다. 프랑스 사회학자 자크 아탈리<sup>Jacques Attali</sup>의 말처럼 21세기형 유목민은 스마트폰, 노트북, 태블릿 PC 등 이동하는 데 간편하고 언제 어디서나 접속할 수 있는 디지털 기기를 소유해 움직이는 특징이 있다고 합니다. 심지어 이 기기들은 서로 연결되어 있고 빠른 속도를 자랑합니다.

디지털 노마드는 디지털 기기를 갖고 다양한 장소에서 살아가기를 원합니다. 열심히 저축해 집을 소유하고 한군데 정착하겠다는 개념이 사라진 지 오래입니다. 새로 만들어진 집, 아직 살아보지 못한 지역을 찾아 항상 모험과 같은 새로운 도전으로 삶을 지속시키려는 의지가 더 강합니다. 그래서 어쩌면 안정과 정착을 추구하는 집보다 이동성 면에서 유리한 자동차를 선호하는 것 같아요.

실제로 디지털 노마드는 자동차에 큰 애정이 있다고 합니다. 이동에 익숙하기 때문인지 디지털 노마드는 새로운 사람과 쉽게 친구가 됩니다. 낯선 장소, 낯선 음식, 낯선 문화에 대한 왕성한 호기심이 있어요. 이런 색다른 문화를 즐기는 자체가 삶의 활력이 되기도 합니다. 그야말로 경험의 폭과 삶의 활동 방식이 많이 달라진 것이지요.

부모의 직업이나 가문의 정신을 이어받아 대를 잇거나 장인 정신과 같은 평생 직업 개념은 사라진 지 오래입니다. 투잡, 쓰리잡은 물론 시시때때로 하고 싶은 일을 찾아 과감히 도전합니다.

정보통신 네트워크상에서 새로운 비즈니스를 찾아내 블루오션을 창출하는 스타트업을 만들거나 자유롭고 창의적인 인간으로 기존 가치와 삶의 방식을 뛰어넘어 새로운 것을 창조해 갑니다. 그야말로 혁신적 삶을 추구하는 사람입니다.

# 노약자석, 디지털 이미그란트

## 할머니 할아버지가 디지털 이민자?

가끔 이런 경험을 한 적 없나요? 열심히 찍은 유튜브 영상을 홍보하려고 가족에게 톡을 보냈는데 할머니 할아버지로부터 연락이 왔어요. "도대체 '좋아요'는 어디 있는 거니?" "구독은 어디서 하는 거야?" "구독하는 데 돈은 어디에 내는 거니?"라고 말이지요.

그뿐만이 아닙니다. 카톡에 메시지와 함께 사진을 첨부해야 하는데 매번 사진을 불러오는 방법을 잊으십니다. 어느 날은 파일을 잘 전달해 주셨다가도 어느 날에는 파일 공유 방법을

까맣게 잊어버리십니다.

우리가 너무나 당연히 아는 것이 어른들에게는 이해하기 힘든 암호문처럼 느껴지나 봅니다. 같은 시간을 살아가고 같은 미디어를 접하는데 어른들과 우리의 삶에 왜 이런 큰 '차이'가 생기는 것일까요?

어른들은 우리와 달리 아날로그<sup>Analogue</sup> 세상에 태어나 생활하시다가 메타버스 세계로 지금 막 이주한 세대이기 때문입니다. 그런 그들을 우리는 디지털 이미그란트<sup>Digital Immigrant</sup>라고 불러요. 이미그란트는 '이민자'라는 뜻입니다.

## 아날로그 사고방식으로
## 메타버스에 적응하는 어른들

디지털 이미그란트도 우리와 마찬가지로 분명히 디지털 세상, 즉 메타버스 세상에서 살아가고 있어요. 스마트폰과 태블릿 PC를 사용하고 카톡도 하시지요. 심지어 똑같은 동물 세 마리를 맞추는 〈애니팡〉과 같은 퍼즐 게임도 시간 날 때마다 하십니다.

원하는 정보를 인터넷에서 검색하고 지금은 아침마다 집으로 배달되는 신문 대신 네이버 뉴스, 유튜브 시사 채널 등을 보십니다. 하지만 태어날 때부터 그랬던 것은 아닙니다. 아날로그 환경에서 태어나 성장기를 보냈기 때문에 기본적으로 아날로그적 사고방식을 갖고 계세요. 톡이나 SNS를 통해 친구나 가족 소식을 접하기보다 전화로 직접 만나자는 약속을 하십니다. 대화는 자고로 만나 눈을 마주치며 이야기를 나눠야 한다고 생각하시거든요.

외국인들이 우리나라 말을 쓸 때 모국어 억양이 남아 있듯이 디지털 이미그란트는 아날로그적 사고방식을 가진 채 메타버스 시대로 이주해 와 살아가고 있는 것입니다. 그래서 모든 면에서 서툴고 어려움을 느끼는 편입니다.

심지어 오늘날 기술은 너무나 빨리 변해 가고 있어요. 하루가 멀다 하고 새로운 기술로 중무장한 디지털 기기가 쏟아져 나오고 있어요. 우리 디지털 네이티브는 신기술을 두려워하지 않지만 디지털 이미그란트에게는 모든 것이 두렵고 어려울 뿐입니다.

실제로 코로나19로 인해 온라인 교육이 갑자기 진행되었을 때도 가장 헤매고 두려워한 사람은 우리 학생들이 아닌 선생님들이었어요. 줌을 켜고 수업을 진행하지만 버튼을 잘못 누를까 봐 노심초사 긴장해야 했어요. 발표는 어떻게 시켜야 하는지, 소규모 회의는 제대로 돌아가고 있는지 걱정이 태산 같았어요. 강의 동영상을 찍어 온라인 사이트에 올리라는데 동영상을 어떻게 찍고 편집해야 하는지도 큰 난제였지요.

그뿐만이 아니었어요. 대면 수업을 메타버스에서 진행하려니 준비해야 할 일이 너무 많았어요. 익숙한 일이 아니어서 평소보다 2~3배의 노력과 시간이 들었지요. 이제는 모두 어느 정도 적응하고 계신 것 같아요. 안되는 외국어도 자꾸 쓰다 보면 늘듯이 조금씩 이해하고 더 깊이 이 세계로 들어오고 계십니다.

## 승객 여러분, 메타버스에 오신 것을 환영합니다

어른 중에는 아직도 메타버스 세상에서 살아가는 것이 바람직하지 않다고 생각하시는 분들이 종종 계십니다. 우리가 메타버스에 빠져 현실 세계를 등한시할까 봐 두려워하시는 것입니다. 하지만 메타버스에서 살아가는 것이 옳은지 아닌지 따질 수는 없어요. 메타버스는 이미 시작되었고 우리는 이 세계에서 어떻게 살아남을지 고민해야 합니다. 특히 세대 차이

메타버스 세계로 지금 막 이주한 세대, 디지털 이미그란트(Digital Immigrant)

에서 오는 갈등을 극복하면서 말이지요.

버스나 지하철 등의 대중 교통에 노약자석과 임신부석이 있지요? 취약 계층에 대한 배려 차원에서 따로 만든 것입니다. 메타버스에서도 디지털 이미그란트에 대한 배려와 관심이 항상 필요합니다. 그들이 우리와 다르다는 것을 인정하고 서로에 대한 이해가 우선되어야 합니다. 물론 그들과 우리를 위한 디지털 미디어, 뉴 미디어에 대한 리터러시Literacy 교육도 필요합니다. 그래야만 디지털 격차가 점점 줄고 그런 격차가 사라질 때 세대 간 단절을 피할 수 있어요. 무엇보다 세대가 화합해 메타버스에 탑승해야만 편안하고 즐거운 메타버스 여행을 계속 할 수 있을 것입니다.

## 디지털 네이티브 VS 디지털 이미그란트

디지털 세상에서 태어나 디지털 기술과 함께 하루하루를 살아가는 세대를 디지털 네이티브라고 부릅니다. 그들은 태어날 때부터 디지털 기술을 자연스럽게 익힌 세대입니다. 그들에게 메타버스 세상은 너무나 당연한 세상입니다. 숨 쉬는 공기처럼 말이지요.

반면, 아날로그 세상에서 태어나 이제 막 디지털 세계로 이주한 세대가 디지털 이미그란트입니다. 그들은 아날로그적 사고 방식을 갖고 있어 디지털 세상에 익숙해지려면 시간이 필요해요. 그들은 모든 면에서 서툴고 어려움을 느끼고는 합니다.

## 게임 제너레이션

게임 제너레이션Game Generation은 태어날 때부터 게임을 접하고 게임과 함께 성장기를 보낸 세대를 부르는 말입니다. 그들은 어릴 때부터 게임을 해서인지 TV 시청보다 게임하는 시간이 더 많아요.

게임의 특징인 즉각적인 피드백을 중시하고 게임이 주는 재미와 몰입을 의미 있게 생각하는 세대입니다.

최근 이 세대를 위한 다양한 콘텐츠가 많이 늘었어요. 영화나 드라마에서도 주인공의 직업을 게임 개발자로 설정하거나, 게임을 하면서 벌어지는 사건을 드라마의 주요 사건으로 종종 설정하지요. 또한, 최근 웹드라마나 웹툰에 등장하는 과거로 돌아가는 회귀물이나 죽었다가 다시 살아나 반복된 시간을 살아가는 스토리는 모두 게임 시스템의 영향을 받은 것이라고 할 수 있어요.

'게임 플레이어는 폐인'이라는 시선과 인식은 이제 바뀌고 있어요.

4장

# 우리는
# 메타버스에
# 산다

# 아이돌과 함께 춤을

## 메타버스 이용하는 10대는
## 미래의 소비자

메타버스가 유명해지면서 유명 아이돌, 아티스트, 수많은 명품 브랜드도 메타버스 세계로 진출하기 시작했어요. 메타버스는 자신의 브랜드와 상품을 소개하고 홍보하는 데 효과적인 플랫폼이거든요. 특히 메타버스 이용자 대부분이 10대임을 감안한다면 미래의 소비자라는 면에서 큰 이점이 있어요.

그 덕분에 우리는 메타버스에서 명품 옷에 명품 신발, 명품 가방을 메고 유명 아이돌의 콘서트를 마음껏 즐길 수 있게 되었습니다. 칼군무를 함께 추며 노래도 신나게 따라 부릅니다.

왜 이렇게 많은 아티스트가 메타버스를 찾을까요?

공간의 한계가 없기 때문입니다. 실제로 공연장에서 아이돌이 공연한다면 우리는 티켓팅부터 실패할 확률이 높습니다. 공연을 보러 가고 싶은 팬은 많고 공연장 좌석은 한정되어 있기 때문이지요. 정말 번개의 속도로 클릭해야 하는데 여간 어렵지 않아요.

메타버스는 어떤가요? 입장객 수에 제한이 거의 없어요. 물론 시스템상 한계는 분명히 있지만 온라인 게임을 보세요. 정말 수백만 명이 한꺼번에 같은 공간에 접속해 게임을 즐기잖아요? 기술이 빠른 속도로 발전 중이니 전 세계 인구가 한꺼번에 가상 세계에 들어가는 것도 꿈은 아닐 것입니다.

## 게임 같은 공연을 한다

이게 전부가 아닙니다. 모든 관객이 스테이지 바로 앞 첫 번째 줄에서 공연을 관람할 기회가 생깁니다. 현실에서 첫 번째 열은 하나뿐이지만 메타버스에서는 무수히 많을 수 있거든요. 내 아바타는 무대로부터 먼 데 있더라도 우리는 메타버스에서

모든 관객이 스테이지 바로 앞에서 공연 관람을 할 수 있는 메타버스

카메라를 조작해 얼마든지 줌인, 줌아웃할 수 있어요. 상상만
해도 신나지 않나요?

　메타버스에서의 공연의 대표적인 성공 사례는 〈포트나이
트Fortnite〉라는 게임에서 진행된 '트래비스 스콧Travis Scott'의 콘서
트일 것입니다. 이 공연이 메타버스 안에서의 공연 가능성을
보여 주는 대표적 사례가 된 것은 참여자의 경험적인 면뿐만
아니라 공연 수익 면에서도 놀라운 성과를 보였기 때문입니다.

　트래비스 스콧은 힙합 뮤지션입니다. 스콧은 콘서트 한 번
에 평균 약 170만 달러(약 20억 원)의 수익을 올린다고 합니다.
그런데 〈포트나이트〉에서 시도한 이 버추얼 공연은 이 금액의

10배가 넘는 약 220억 원을 벌어들인 것으로 집계된다고 합니다. 상상을 초월하는 금액 아닌가요?

공연에서 트래비스 스콧은 아바타로 존재합니다. 카운트다운과 함께 공연이 시작되면 평범한 아바타 사이즈의 수십 배인 대형 아바타가 하늘에서 등장합니다. 놀라움과 긴장을 주지요. 일종의 스펙터클이 연출되는 것입니다.

트래비스 스콧의 아바타는 정교하게 디자인되었습니다. 외모는 실제 스콧의 특징을 중심으로 유사하게 디자인되었어요. 힙합에 맞는 특유의 그루브가 있는 액션까지 함께 선보였습니다. 공연을 촬영한 영상으로만 보면 3D 애니메이션으로 만들어진 뮤직비디오를 보는 듯한 최상의 디자인이었습니다. 또한, 메타버스 안에서 진행되는 공연에서는 관중도 트래비스 스콧과 함께 같은 춤을 출 수 있어요. 칼군무는 보기만 해도 매우 흥미롭잖아요? 그런데 그 춤을 우리가 직접 함께 출 수 있어 특별한 경험과 만족을 선사합니다. 야광봉 등의 아이템으로 하나가 되어 응원할 수도 있어요.

동작 애니메이션이나 아이템은 현실의 나 대신 아바타를 등장시키면서도 내가 공연을 직접 관람하고 참여하고 있다는 느낌을 주기에 충분한 장치입니다. 친구와 함께 공연을 즐기고 몰입하고 있다는 만족감을 느낄 수 있어요.

## 무대를 줌인 줌아웃
### 내 맘대로

메타버스 안에서의 공연에 무한한 가능성이 있다는 것이 알려지자 많은 아티스트가 메타버스 세상에 도전하기 시작했습니다.

유명 래퍼인 릴 나스 엑스<sup>Lil Nas X</sup>도 〈로블록스〉에서 콘서트를 성황리에 마쳤습니다. 유튜브 영상을 통해 콘서트 현장 분위기를 확인할 수 있는데요. 저는 공연이 시작되기 전 플레이어들이 좌석 앞뒤로 뛰어다니는 것이 매우 인상적이었어요. 사실 우리가 현장에 가 보면 자리를 지키느라 공연장을 돌아다닐 수는 없잖아요? 메타버스에서는 내가 원하는 자리에 있거나 마음대로 돌아다니며 탐색할 수도 있습니다. 내 아바타는 가만히 한자리에 있지만 카메라를 조절해 무대 곳곳을 비춰볼 수도 있어요. 현실 세계에서는 쉽게 경험할 수 없는 흥미로운 경험입니다.

드디어 공연이 시작되면 역시 거대한 릴 나스의 아바타가 등장하고 액션 애니메이션과 함께 무대를 종횡무진하며 노래를 부릅니다. 이 공연에서 흥미로운 것은 새로운 노래를 부를 때마다 공간의 분위기가 확연히 변한다는 것입니다.

몰입의 공간, 메타버스

현실 세계의 무대는 아무리 무대 장치를 잘 쓰더라도 변화에 한계가 있지만 가상 공간에서의 무대는 연출에 따라 얼마든지 변화를 꾀할 수 있어요. 심지어 가수가 눈 깜짝할 사이에 사라졌다가 등장하는 퍼포먼스도 연출할 수 있어 매력적인 이벤트를 벌이기에 너무나 적합한 장소지요. 또한, 아티스트와 팬이 자연스럽게 소통할 수 있는 공간이라는 장점이 있어요. 아바타의 액션 애니메이션은 어느 정도 계획되어야 합니다. 정해진 애니메이션 중 우리가 선택해 아바타를 통해 표현하니까요. 물론 VR 기술을 활용한 메타버스는 우리의 몸짓이나 동작을 그대로 컴퓨터가 인식해 아바타로 표현되는 기술도 개발되고 있기는 합니다.

아이돌과 춤추며 공연을 즐길 수 있는 댄스애니매이션

목소리는 어떨까요? 현실에 존재하는 목소리 그대로 메타버스 세계 안에 입힐 수 있어요. 우리는 음성을 주고받는 보이스 챗을 통해 공연장의 수많은 친구와 소통하고 아티스트와 대화를 나눌 수 있습니다.

메타버스는 몰입되는 환경을 제공하는 동시에 내가 주도하는 세상이라는 콘셉트이 있기 때문에 신기하게도 아티스트의 말 한마디 한마디가 내게 직접 말하는 것처럼 느껴집니다. 그래서 팬의 입장에서는 나의 스타와 더 깊은 친밀감을 느끼고 교류할 수 있어요.

## 환상적인 글로벌 플랫폼

무엇보다 메타버스는 글로벌 플랫폼 Global Platform 이라는 점이 공연하는 아티스트 입장에서는 가장 매력적입니다. 굳이 비행기를 타고 가지 않더라도 전 세계인이 메타버스 공연장을 방문할 수 있어요. 심지어 다국어로 바로 번역해 공연을 진행할 수도 있어 의사소통 문제를 즉시 해결할 수 있지요.

방탄소년단도 '포트나이트' 파티 로열에서 〈다이너마이트〉 신곡을 발표했지요. 이 이벤트는 물론 뮤직비디오를 메타버스 안의 스크린에 틀어 주는 방식이었지만 플레이어들이 댄스 액션이 들어간 애니메이션 아이템을 사서 방탄소년단과 함께 춤추며 공연을 즐겼다는 특이점이 있어요.

## 하늘의 별 따기가 가능해졌다

빌보드 Billboard 차트 1위인 방탄소년단의 〈Permission to Dance〉는 〈제페토〉에서 수많은 사용자가 댄스 액션 애니메이션을 구입해 친구들과 함께 뮤직비디오 커버 영상을 만들고 유튜브에 공개합니다. 새로운 덕질 문화의 등장이지요.

〈제페토〉에서 열린 블랙핑크의 팬 사인회에 4,600만 명이 방문했다고 합니다. 블랙핑크와 같이 초대형 스타의 팬 당첨은 그야말로 '하늘의 별 따기'잖아요? 하지만 메타버스에서는 별을 딸 수 있다는 장점이 있습니다. 꿈을 현실로 이뤄주는 메타버스라고 할 수 있지 않을까요?

# 메타버스에서 태어난
# 버추얼 휴먼

## 유명해진 가상 세계 가상 인물

'에스파<sup>Aespa</sup>' 좋아하세요? 에스파는 다른 아이돌처럼 수년 간 고단한 연습생 생활을 견디고 뛰어난 노래와 춤 실력으로 데뷔해 대중의 사랑을 받고 있지요. 다른 아이돌과 다른 점은 현실과 가상을 잇는 메타버스 세계관에서 태어난 아이돌이라 는 점이에요. 멤버 8명 중 4명은 현실 세계에 존재하고 나머지 4명은 가상 세계에 존재해요. 가상 세계에 존재하는 멤버라니 이게 무슨 말일까요?

현실 세계의 멤버는 각각 가상 세계에 자신의 분신과도 같은 아바타를 가지고 있어요. 그들은 현실과 가상 세계의 중간 세계라고 할 수 있는 '디지털 세계'에서 서로 만나 교감하며 성장해 나갑니다. 특히 가상의 멤버들은 인공지능<sup>A.I.</sup> 브레인이 있어 현실의 멤버들과 대화를 나누고 어려운 일이 생기면 서로 조언이나 위로를 해 주지요. 그들은 가상 세계의 멤버가 현실의 자신에게 끊임없이 말을 걸어 주고 교감하는 존재라고 말합니다. 자신의 분신이자 둘이 될 수 없는 하나의 존재라고 말하지요. 즉 현실에 '내'가 있다면 가상의 또 다른 정체성으로서의 '내'가 존재한다는 인식을 가지고 있어요. 하지만 가상 세계의 '나'는 현실의 '나'에게 얽매인 존재는 아니라고 말합니다. 가상 세계의 '나'는 현실 세계의 부캐와 같은 존재라고 할 수 있을 것입니다.

에스파의 첫 데뷔곡 〈Black Mamba〉의 가사에 현실의 4명 멤버가 가상의 멤버를 어떻게 생각하는지가 잘 나타납니다. 에스파라는 이름 자체가 '아바타 X 익스피리언스'를 표방한다니 메타버스 세계관을 갖고 데뷔한 그들의 행보를 지켜보는 것도 흥미롭지 않을까요?

가상 세계에서 살아가는 가상 인물은 에스파뿐만이 아닙니다. 인스타그램에서 인플루언서로 꽤 유명세를 떨치는 '로지'도 가상 인물입니다.

## 스타가 된 '가짜'들?

로지의 SNS 팔로우는 11만 5,000명이 훌쩍 넘었습니다. 지금 이 순간에도 로지의 SNS를 팔로우하는 팬이 점점 늘고 있어요. TV 광고에도 출연해 팬덤을 키워 가는 중이거든요.

로지는 '하이퍼 메타'라는 가상 세계에서 태어났다고 합니다. 아프리카를 거쳐 한국으로 여행 온 상태지만 현실 세계에서는 한국에서 살기 때문에 한국인이라고 생각한다네요. 주근깨 얼굴, 쌍꺼풀 없는 눈은 누가 봐도 한국인이라는 생각이 들어요.

로지는 처음에 인스타그램에 자신의 일상을 올리며 지명도를 높여 갔어요. 친구와 삼겹살을 먹고 만화책 보는 모습을 사진 찍어 올렸어요. 여의도 한강 공원에서 조깅하는 모습, 작은 화분을 정성스레 살피는 모습, 패션과 화장품 브랜드 화보 촬영 현장도 꾸준히 올리고 있어요. 그녀의 솔직한 모습에 대중은 환호하며 '좋아요'를 누르고 댓글도 답니다.

처음에 사람들은 로지가 진짜 사람이라고 생각했어요. 그러다가 시간이 조금씩 지나면서 로지가 버추얼 모델일지도 모르겠다는 의심을 하기 시작했지요. 댓글에 '진짜 사람이에요?'라는 질문이 종종 올라오기 시작했거든요. 대중은 로지가 진짜 사람인지 아닌지를 중요하게 생각했던 거예요.

로지가 광고에 등장하고 많은 사람의 주목을 받으며 가상 인물임을 모두가 알게 된 후부터 로지를 팔로우하는 대중의 댓글은 정말 흥미로워요. 이제 로지가 그래픽 기술로 만든 가상 인물이라는 사실이 대중에게 중요하지 않아졌습니다. 그들에게 로지는 하나의 존재로 인식되기 시작했거든요.

대중은 로지를 '언니', '누나'라고 부르며 여느 연예인과 마찬가지로 대합니다. TV 광고 출연을 축하하고 그녀가 입은 보라색 재킷이 잘 어울린다며 미모를 칭찬하기도 합니다.

로지가 먹는 브런치 카페의 메뉴가 맛이 있는지, 화보 촬영이 힘들진 않았는지 질문하기도 합니다. 이런 대중의 질문에 로지는 댓글까지 달아 줘요. 진짜 우리와 같은 현실 세계를 살아가듯이 말이지요. 이렇게 소통 가능한 존재이다 보니 로지를 '가짜'로 인식하는 대중은 거의 없어 보입니다.

로지 외에도 로지와 같은 버추얼 모델은 우리나라에만 있는 것은 아닙니다. 일본에서는 이케아<sup>IKEA</sup> 광고를 하면서 많이 알려진 IMMA라는 모델이 있어요. 요즘은 활발하게 아이스크림과 화장품 광고 활동을 하고 있습니다.

LA에서 태어난 브라질계 미국인 릴 미켈라<sup>Lilmiquela</sup>도 있지요. 그녀는 패션에 관심이 많은 가수 겸 유튜버에요. 인스타그램 팔로워만 300만 명이 넘고 틱톡과 유튜브까지 합해 500만 명 이상 팬을 보유하고 있습니다. 2019년 한 해에만 약 140억 원을 벌어들이기도 했어요. 그녀가 얼마나 유명한지 프라다, 샤넬과 같은 명품 브랜드는 그녀가 그들의 옷을 입고 사진 찍어 SNS에 올리기만 기다린다고 합니다.

## 버추얼 휴먼은 스토리가 필요하다

이런 버추얼 휴먼Virtual Human은 어떻게 만들어질까요? '루이 커버리RuiCovery'라는 유튜브 채널을 운영하면서 노래하고 먹방도 찍고 브이로그도 남기는 '루이'는 초상권을 확보한 실제 사람들의 얼굴 데이터를 수집하고 인공지능 기계 학습을 통해 태어났습니다. 하지만 외형적인 디자인만으로는 버추얼 휴먼이 만들어지지 않아요. 스토리가 필요해요. 실제 인물이든 가상 인물이든 인물은 인물이기 때문입니다.

루이는 가수를 꿈꾸는 소녀였지만 외모로부터 자유로워지고 싶어 버추얼 유튜버로 다시 태어났고 외모가 아닌 노래로 승부하고 평가받는 자아실현을 위해 버추얼 유튜버가 되기로 했어요. 그러다 보니 주로 노래와 댄스 커버를 유튜브에 올렸고 자유로운 자아실현을 위해 부캐 문화도 지향하고 있다고 합니다.


## 상상 이상의 인물 창조

지금까지 등장한 버추얼 휴먼은 주로 20대 여성입니다. 아무래도 마케팅 면에서 소비 대상을 20대 여성으로 정했기 때문인 것 같아요. 앞으로도 이 가상 인플루언서의 활동은 더 활발해질 것 같아요. 버추얼 휴먼은 어떤 환경과 악조건에서도 활동할 수 있어요. 특히 사생활 관리가 쉽고 스캔들에서도 자유롭죠. 아프거나 늙지 않는 것은 물론 다치거나 생명의 위협을 느낄 일도 없어요. 심지어 손오공처럼 분신술도 가능합니다. 같은 시간에 여러 촬영장에서 활동할 수 있다는 엄청난 장점이 있어요.

게다가 대중의 인기까지 한 몸에 받고 인지도까지 높다면 가상 인플루언서와 함께 만들 수 있는 콘텐츠는 무척 다양해지겠지요. 메타버스가 만들어 가는 새로운 인물은 우리의 상상 이상으로 다채로울 것 같지 않나요?

## 가상 인물은 이전에도 있었다

가상 인플루언서의 등장은 새롭고 낯선 경험은 아닙니다. 잘 생각해 보면 우리 곁에는 항상 가상 인물이 존재했어요. 바로 캐릭터지요.

아기 공룡 둘리, 뽀로로, 타요, 빼꼼, 스누피 등 주로 애니메이션 속 주인공이 그들인데 우리는 그들 팬이 되어 그들이 모델로 등장하는 노트와 펜을 쓰며 생활하고 있습니다. 또한, 아이언맨, 스파이더맨, 헐크 등 히어로물에 등장하는 캐릭터와 명탐정 코난, 셜록 홈즈, 해리포터와 같은 캐릭터도 있어요.

## 가상을 받아들이는
## 인식이 달라졌다

소설, 영화, 애니메이션에 등장하는 이 캐릭터들도 오늘날 가상 인플루언서들처럼 모두 가상의 캐릭터들입니다. 그런데 우리는 왜 이 둘을 다른 존재로 인식할까요? 가상 캐릭터를 대하는 우리의 태도에 변화라도 생긴 것일까요?

메타버스 시대에 변해 버린 우리의 태도를 본격적으로 알아보기 전에 재미있는 이야기를 하나 하겠습니다.

아이들의 천국이라는 디즈니랜드를 모두 아시지요? 디즈니랜드 정문을 통과하면 맨 먼저 미키마우스와 그의 친구들이 눈에 띕니다. 우리에게 두 손을 높이 들어 흔들며 반갑게 인사해요. 그럼 우리는 활짝 웃으며 화답해요.

"안녕! 미키마우스, 안녕! 미니마우스! 우리 함께 사진 찍을래?"

우리는 미키마우스, 미니마우스와 사진을 찍자마자 SNS에 올립니다. '드디어 미키마우스를 만남'이라는 설명 글과 함께 말이지요. 그런데 친구 한 명이 댓글을 달았어요. '거짓말쟁이, 그거 미키마우스 아니거든. 인형 탈을 쓴 알바생이거든'이라고 말이지요.

누가 모르나요? 인형 탈을 쓴 사람이 미키마우스 흉내를 내고 있다는 것 말이지요. 하지만 생각해 보세요. 디즈니랜드 정문에서 나를 반겨 주는 그를 미키마우스라고 부르지 않으면 뭐라고 불러야 할까요?

실제 미키마우스는 아니지만 우리는 인형 탈을 쓴 그 존재가 미키마우스라고 믿기 때문에 인사하고 사진도 찍겠지요. 책이나 애니메이션에서 접했던 가상의 대상을 실제 현실에 존재하는 것처럼 보여 주는 마법을 디즈니랜드는 시행하고 있는 것입니다.

덧붙여 디즈니랜드의 이 환상과 실제를 조율하는 전략이 얼마나 치열한지 말해 볼까요? 전 세계 디즈니랜드에 미키마우스는 존재하지만 그들은 실제로 같은 시간에 관람객과 만나는 것은 피한다고 합니다.

캘리포니아의 미키마우스가 관람객을 만나고 있다면 홍콩 디즈니랜드의 미키마우스는 지하 통로나 대기실에 숨어 있어야 하는 것이지요. 물론 같은 방문객이 동시에 미국과 홍콩에 존재할 수 없으니 확인할 수는 없지만 디즈니랜드 입장에서는 어린이들이 정말 존재하는 것으로 믿는 미키마우스가 동시에 여러 군데에서 나타날 수는 없다는 의미로 이런 규칙을 정했다고 합니다.

## 펭수는
## 펭수일 뿐이야

EBS의 대표적인 캐릭터가 된 펭수는 어떤가요? 펭수는 귀여운 겉모습과 재미있는 말투, 거침없는 독설로 대중의 사랑을 한몸에 받았습니다. 그러자 펭수는 EBS TV 프로그램 속에 존재하거나 유튜브 채널에서 활동하는 캐릭터로서의 자신의 한계를 뛰어넘기 시작했습니다. 실제 인형 탈을 쓰고 현실 세계로 나오기 시작했거든요. 길거리로 나가 사람들을 만나고 초등학교를 찾아가 친구들의 고민을 상담해 주기도 했어요. 타 방송국 라디오 프로그램에도 초청받아 출연하고 축제나 이벤트 행사에도 초대되었어요.

스크린 안에 존재하던 캐릭터가 스크린 밖으로 나와 생활을 이어간 것이지요. 가상의 존재가 현실 세계로 나오자 사람들은 더 열광했어요. 펭수의 실물을 보고 신기해하면서도 펭수를 정말 실존하는 인물로 인지하기 시작했어요. 2미터가 넘는 키의 남극 태생의 자이언트 펭귄으로요. 최고의 크리에이터가 되기 위해 EBS에서 연습생 생활 중인 실존 인물로 말입니다.

## 정체를 굳이 알아야 해?

이제 사람들에게는 펭수 인형 탈 안에 누가 들어가 있는지는 중요하지 않아요. 오히려 사람들이 실제 연기자가 누구인지 알아내려고 하자 불만이 터져 나왔습니다. 펭수는 펭수일 뿐이라는 인식이 강해진 것이지요. 정체를 알게 되는 것은 동심을 파괴하는 것이라며 알려고 하지 않았어요.

도대체 사람들은 미키마우스 안에 있는 연기자를, 펭수 안에 있는 연기자의 정체를 왜 알고 싶어 하지 않을까요? 사람이 인형 탈을 쓰고 캐릭터를 연기하는데도 우리는 왜 미키마우스와 펭수가 실제로 우리와 함께 현실을 살아가는 존재라고 믿고 인정하는 것일까요? 이런 믿음은 어떻게 생겼을까요? 그 믿음의 정체는 어떻게 설명할 수 있을까요?

# 허구를 향한 믿음,
# 믿는 척하기

## 허구를 대하는
## 우리의 자세

가상이나 허구에 대한 인간의 믿음과 관련된, 콜린 래드포드 Colin Radford의 퍼즐Puzzle 이야기를 지금부터 집중해 잘 읽어 봐 주세요. 3가지 명제를 말할 것입니다. 이 3가지 명제는 각각 옳지만 셋을 연결하면 앞뒤가 맞지 않는 신비한 구조여서 사람들은 풀리지 않는 퍼즐이라고 부르지요. 자, 신비한 3가지 명제를 시작해볼까요?

첫 번째, 사람들은 감정이 있어요. 좋고 싫고 기쁘고 두려운 감정들 말입니다. 그런데 우리가 이런 감정을 갖는 대상을 생각해 보면 실제로 존재한다고 믿는 대상에 대해 이런 감정을 갖는다는 것을 알 수 있어요. 엄마, 아빠, 강아지와 같이 생명이 있는 존재뿐만 아니라 인형, 연필 등과 같은 무생물조차 우리의 감정은 존재하는 대상에 대한 것입니다.

두 번째, 사람들은 허구의 인물이나 상황이 실제로 존재하지 않는다는 사실을 잘 알고 있고 그렇게 믿고 있어요. 마블 영화에 등장하는 '아이언맨', 동화책에 등장하는 '아기 돼지 삼형제' 등은 실제로 존재하지 않는다는 것을 잘 알고 있습니다.

세 번째, 그런데 놀랍게도 우리는 허구의 인물이나 상황에 감정을 가집니다. 사실 첫 번째 명제를 전제로 하면 허구의 인물에게 감정을 가질 수는 없어요. 우리는 실존하는 대상에 대해서만 감정을 가지니까요. 그럼에도 불구하고 아이언맨이 적과 싸우면 그가 이기길 바라며 응원하지요. 막내 아기 돼지가 결국 늑대를 물리치면 기쁜 마음에 환호성을 지릅니다.

도대체 허구를 향한 우리 감정의 정체는 무엇일까요?

흥미로운 상황을 더 말해 볼게요. 괴물이 등장해 도시 전체를 파괴하거나 갑자기 귀신이 튀어나와 우리를 놀라게 하는 공포 영화를 볼 때 나도 모르게 "으악!" 비명을 지르거나 눈을

질끈 감습니다. 하지만 우
리는 알고 있어요. 영화 속
에 등장하는 괴물과 귀신은 모
두 가짜라는 것을요. 인간의 상상력으로 만든 허구라는 사실
을 말이지요. 그래서 영화관의 자리를 박차고 나오지 않는 것
이죠. 119에 긴급 전화를 걸어 생명이 위험하다고 알리거나
구해 달라고 소리 지르지도 않습니다. 하지만 실제로 반응하
는 신체적 신호는 어떻게 설명해야 할까요? 심박수는 빨라지
고 등줄기에는 땀이 흐릅니다. 또 온몸의 소름은 어떤가요? 허
구를 향한 우리의 이런 감정 반응을 어떻게 설명할 수 있을까
요?

미국 철학자 켄달 루이스 월튼<sup>Kendall Lewis Walton</sup>은 우리의 이
런 감정을 '믿는 척하기'라고 설명합니다. 영어로는 'make be-
lieve'인데요. 진짜는 아니지만 허구의 인물과 상황을 진짜인
것처럼 믿기 때문에 허구를 향한 감정이 생길 수 있다는 것입
니다.

허구를 향한 우리의 감정은 진짜도 가짜도 아닌 제3의 감정
상태인 '유사 감정'으로 인간에게는 매우 자연스러운 결과입
니다. 이런 감정을 만들기 위해 노력하거나 누군가에 의해 이
런 감정을 만들도록 강요당한 것도 아니니까 말이지요.

## 허구를 빛나게 하는 상상력

이런 감정은 우리의 상상력 덕분에 발현됩니다. 상상력은 우리에게는 너무나 쉬운 능력이지요. 우리는 하루에도 여러 번 하늘을 날아다니는 상상을 합니다. 물고기가 내 옆에서 함께 날아가고 있어요. 언어라고 할 수도 없는 희한한 소리를 내며 물고기와 함께 날아가야 하는 방향도 이야기 나눠요.

상상은 매우 자유로운 것입니다. 과학적이거나 합리적인 것과는 아무 상관도 없고 원래 가진 이미지와도 관련이 없어도 됩니다. '물고기는 물을 벗어나면 숨 쉴 수 없다'라는 지식에 갇혀 있다면 물고기가 하늘을 날아다니는 상상을 할 수 없을 것입니다.

상상은 현실적인 것, 기존 감각 경험에서 벗어나야만 이뤄질 수 있어요. 그래서 아무 편견이 없고 순수한 마음과 생각을 가진 우리야말로 상상을 너무나 잘하는 존재입니다.

상상할 때 우리는 적극적이고 역동적인 태도가 생겨요. 주어진 정보를 수동적으로 받아들이는 데 그치지 않아요. 이미 알고 있는 지식, 정보, 이미지를 떠올리지 않으려고 노력하고 새로 설정된 세계관을 받아들이며 더 즐거운 경험을 어떻게 할지 고민하지요. 적극적이고 주체적인 태도로요.

## 상상력이 만들어 낸 최고의 공간, 메타버스

메타버스 세상을 대하는 우리의 태도가 그렇습니다. 특히 게임을 비롯한 메타버스 세상은 우리의 적극적인 참여와 행동이 없다면 절대로 만들어지거나 작동하지 않는 세상입니다.

소설이나 영화와 같은 기존 미디어와 전혀 다른 특징이지요. 소설 속 주인공이 위기에 처해 있어도 그를 구할 방법이 없어요. 단지 그가 안전하게 위기에서 벗어나기만 기도할 수밖에요. 하지만 메타버스에서는 달라요. 우리는 주인공이 되어 괴물에 맞서 용감하게 전투를 벌입니다. 공주를 구출하고 세계 평화를 지켜내는 일을 적극적으로 할 수 있습니다.

메타버스 세계에 전쟁과 전투만 있는 것은 아니지요. 드넓은 초원에 예쁜 꽃과 나무를 심고 멋진 집을 짓습니다. 이웃을 만들고 새로운 세상에서 평화롭게 살아가기도 합니다. 새로운 세상의 새로운 이야기를 만들어 가는 것이지요.

## 가상은 가짜가 아니라고
## 말하는 영화

### 가상 개념의 변화,
### 〈매트릭스〉

메타버스의 세계는 이제 막 시작되고 있습니다만 소설이나 영화 속 주인공들은 이미 메타버스 세계에서 살아가고 있습니다. 그 대표적인 영화가 바로 〈매트릭스The Matrix〉입니다. 여러분이 태어나기 훨씬 전에 이 영화가 개봉했기 때문에 못 본 친구가 많겠지만 이 영화는 메타버스 세상을 살아가고 앞으로 살아가야 하는 우리에게 생각할 거리를 많이 던져 주니 기회가 된다면 부모님과 이 영화를 보는 걸 추천해요.

실체는 없지만 의미 있는 경험과 가치의 장이 되는 가상 세계

　〈매트릭스〉는 2199년 미래가 배경입니다. 인간의 지능을 뛰어 넘는 컴퓨터가 세상을 지배하는 시대지요. 인간은 태어나자마자 인공 지능의 에너지원으로 활용됩니다. 끈적끈적한 액체 속에 푹 담가져 평생 잠자듯 살아가지요.

　인공지능 컴퓨터는 잠자는 인간들에게 꿈을 심어 주는데 그 꿈이 바로 '매트릭스'입니다. 인간들은 실제로는 평생 잠을 자지만 꿈속에서는 현재의 우리와 비슷한 생활을 해요. 주인공 '네오'도 꿈속에서는 뛰어난 기술을 가진 해커로 평범하게 살지만 자신이 살아간다고 믿는 세상이 진짜 세상이 아니라 꿈꾸는 세상이라는 것을 알게 되지요. 그래서 네오는 '매트릭스'라는 가상 세계의 꿈속에서 살아가는 인류를 구원하기 위해 전사로 거듭납니다. 자, 이 영화에서 보여 주는 '매트릭스' 세계는 인류가 살아가는 '진짜' 세계가 아닌 '가짜' 세계를 의미하기 때문에 깨어나야 하는 세계이자 없애야 할 세계지요.

사실 최근까지도 영화를 비롯한 수많은 콘텐츠 속에서 가상 개념은 진짜가 아닌 것, 진짜처럼 꾸며진 것에 불과하다는 비관적이고 비판적인 모습으로 비췄어요. 가상에 대한 사람들의 부정적 시각이 반영된 것이지요. 하지만 2000년대를 지나면서 '가상' 개념이 변하기 시작했어요. 가상을 가짜와 혼동하면 안 된다는 주장이 등장한 것입니다. 가상은 가짜가 아니라 손으로 만질 수 있는 '실재$^{Actual}$'의 반대 개념으로 해석해야 한다는 주장입니다.

우리가 컴퓨터 그래픽의 세계를 손으로 만질 수 없다는 말은 맞지만 컴퓨터 그래픽으로 이뤄진 가상 세계 안에서의 경험과 활동을 활동이 아닌 것이라고 말할 수는 없다는 것이지요. 아바타를 통해 보고 달리는 메타버스 공간, 그 세계에서 만나는 수많은 플레이어, 그들과 나눈 대화, 치열했던 모든 전투를 거짓 경험이라고 할 수는 없어요.

가상 세계에서의 경험에 의미를 담고 가치를 부여하기 시작하면서 사람들은 가상을 '진짜'의 반대가 아니라 '실재'하는 것의 반대로 생각해야 한다는 의견을 피력하기 시작했어요.

사실 그렇잖아요? 우리는 이 가상 세계에서 울고 웃고 실패와 성공을 통해 성취감과 패배감이라는 양가적 감정을 느껴요. 그래서 물리적으로 존재하지도 않고, 실체도 없지만 의미 있는 경험과 가치로 인식되는 가상 세계가 우리에게 무엇보다 중요한 세계로 인식되지요.

그 결과, 지금 가진 것은 아니지만 앞으로 받을 것, 물리적이지는 않지만 가짜라고 말할 수도 없는 것 등 '숨은 가능성이 있는 것'이라는 가상 세계에 대한 낙관적 시각이 대두되는 것입니다. 그래서 가상 세계에서 살아간다는 것은 현실감을 상실하는 것이 아니라 정체성의 변화를 의미한다고 생각하는 것이지요.

## 메타버스 안에서의 삶 존중, 〈아바타〉

3D 입체 영화를 대중화하는 데 기여한 것으로 평가받는 영화 〈아바타〉를 보면 가상 세계에 대한 낙관적 입장이 이해됩니다. 2009년에 개봉된 이 영화의 결말에서 주인공 제이크 설리Jake Sully는 현실의 육체와 삶을 버리고 파란색의 나비Na'vi족이

되기로 결정합니다. 아바타로 불리는 나비족의 새로운 신체에 자신의 정신을 이양시키면서 말이지요.

사실 이런 결정은 쉽지 않아요. 여러 사건을 겪으며 나비족 삶을 동경하게 되었더라도 현실의 육체를 버리는 것은 죽음과 같으니까요.

주인공 제이크 설리의 이런 결정은 현실감 없는 결정이라기보다 새로운 정체성의 시도로 해석할 수 있습니다. 허상이라고 할 수 있는 판도라 행성의 나비족의 삶을 긍정적으로 옹호하고 지지하는 태도에서 비롯되었다고 할 수 있어요.

일반적으로 영화의 결론은 감독의 가치관과 세계관을 반영합니다. 제임슨 카메론James Cameron 감독은 가상 세계, 게임성 가득한 메타버스 세계를 긍정적으로 인식하고 함께 공존할 수 있는 세계로 인정하고 있다고 할 수 있어요. 오늘날 우리가 처한 현실 세계 못잖게 메타버스 세계 안에서의 새로운 삶의 의미와 가치를 존중한다는 것이지요.


## 메타버스의 상징 오아시스, 〈레디 플레이어 원〉

영화 〈레디 플레이어 원Ready Player One〉을 봐도 이런 관점이 잘 나타납니다. 이 영화는 스티븐 스필버그Steven Spielberg가 제작하고 직접 감독을 맡아 화제가 되었지요. 특히 메타버스가 화두로 떠오르자 이 영화의 포스터를 대표적인 이미지로 쓰는 경우가 많아졌어요.

이 영화의 배경은 2045년 암울한 세계입니다. 흥미로운 점은 메타버스의 시초라고 할 수 있는 《스노 크래시》처럼 현실은 암울하지만 누구나 원하는 캐릭터로 어디든지 가고 뭐든지 할 수 있는 '오아시스'로 불리는 가상 현실이 공존하는 세계라는 점입니다.

주인공을 비롯해 이 세상을 살아가는 대부분은 하루를 오아시스에 접속해 보냅니다. 오아시스에서는 친구를 만나고 게임도 할 수 있지요. 놀이뿐만 아니라 일도 해 돈을 벌 수 있는 세계입니다. 오늘날 메타버스 세계가 지향하는 현실과 가상 세계가 그야말로 공존하는 세계를 영화에서 표현하고 있지요.

주인공 웨이드 오웬 와츠<sup>Wade Owen Watts</sup>는 그날도 어김없이 오아시스에 접속해 하루를 보내고 있었어요. 그런데 갑자기 오아시스의 창시자인 괴짜 천재 제임스 할리데이<sup>James Holiday</sup>가 자신이 오아시스 세계에 3가지 미션을 숨겨뒀다고 공표하고 3가지 미션 우승자에게 오아시스 소유권과 막대한 유산을 상속하겠다는 유언을 남깁니다.

오아시스에서 살아가는 대부분의 사람이 이 3가지 미션을 먼저 풀기 위해 경쟁에 뛰어듭니다. 주인공도 마찬가지였지요. 주인공이 첫 번째 수수께끼를 맨 먼저 풀자 이를 저지하기 위해 거대 기업이 방해하기 시작했어요. 그러자 주인공은 모두에게 꿈과 희망인 오아시스를 지키기 위해 반드시 우승하겠다고 다짐하지요.

이 영화 속 인물들에게 오아시스는 현실 세계와 공존하는 세계입니다. 그들에게 오아시스는 없어도 되는 세계가 아니라 현실 세계만큼 중요하고 지켜야 할 세계입니다.

우리는 이제 오아시스가 없는 세상, 즉 메타버스가 없는 세상은 상상할 수조차 없는 시대를 살아가고 있어요.

# 예지력을 가진
# 디지털 트윈 기술

## 위험을 예측하다

메타버스와 함께 디지털 트윈이라는 용어가 새로이 떠올랐어요. 이 용어는 미국 기업 제너럴 일렉트릭GE에서 처음 주창한 개념으로 가상 공간에 현실의 그것과 동일한 사물이나 세계를 그대로 만들어 현실에서 일어날 수 있는 상황을 미리 테스트하는 것을 말해요.

아주 간단한 예를 들어 볼까요? 서울에서 부산까지의 길을 가상 공간에 그대로 재현하고 무인 자동차가 서울에서 부산까지 이동할 때 일어날 수 있는 사건을 미리 테스트하는 상황이 있을 것입니다.

그렇다면 이런 테스트는 왜 필요할까요? 실제 상황과 똑같은 환경을 구현해놓고 테스트하면 예상하지 못한 특별한 상황에서 벌어질 수 있는 많은 문제를 미리 발견할 수 있다는 장점이 있습니다.

그리고 그런 상황에 대한 다양한 데이터를 축적하고 모의 실험을 실시해 실제 서비스를 진행할 때 실수를 최소화하는 장점도 있겠지요. 미래를 예상하고 예측하는 특징이 디지털 트윈 기술의 최대 장점입니다.

사실 이런 테스트는 디지털 트윈 기술이 등장하지 않았을 때도 우리 사회 곳곳에서 일어나고 있었어요. 실제 공연 전의 리허설, 입학 시험 전에 여러 번 치르는 모의고사, 운동이든 무용이든 대회 전의 모든 무대 연습은 실전을 위한 준비입니다. 특히 실제 상황이 위험하거나 낯설면 이 모의 실험은 더 정교하게 디자인되어 진행되어야 합니다. 실제로 우주 비행사들은 수많은 과학자가 연구해 만든 가상 환경에서 훈련합니다.

우주 환경은 지구와 전혀 달라 무슨 사건이 일어날지 아무도 예측할 수 없거든요. 위험한 상황에 처해도 생명이 위협받지 않고 미션을 안전하게 수행하기 위한 사전 준비는 필수입니다.

## 시행착오를 줄이는 시뮬레이션

실제 상황을 간소화하거나 부분적으로 모형화해 실험하고 테스트하는 시뮬레이션은 우주를 연구하는 나사[NASA], 군, 경찰과 같이 위험한 작업을 수행하는 집단에서 특히 중요하게 다뤄지는 방법론입니다.

디지털 트윈 기술은 그야말로 이런 시뮬레이션적 성격을 계승하면서 메타버스로 확장시킨 것이라고 할 수 있어요. 최근 신도시 건설에서 디지털 트윈 기술이 적극 활용됩니다. 실제와 비슷한 도시를 메타버스에 먼저 구현해 놓고 가장 살기 좋은 건축물 배치와 교통 체증이 없는 도로 구현을 테스트하

도로 상황을 예측하고 빠른 길을 안내하는 자동차 내비게이션

는 것이지요. 그 결과로 정책을 결정하고 실제 도시를 설계하면 시행착오를 최소화할 수 있을 거라고 기대하면서 말입니다.

메타버스 중에서도 미러 월드형 메타버스는 이런 시뮬레이션의 성격을 내재하고 있어요. 여러분의 부모님이 어딘가로 여행을 떠나거나 이동할 때 내비게이션으로 도로 상황을 미리 점검하는 것을 예로 들 수 있어요. 길이 어디가 막히는지, 고속도로를 탈지 국도로 갈지 방향을 잡는 데도 이 기술이 쓰여요.


## 학교와 기업이 주목하는 기술

최근 교육 현장에서도 디지털 트윈 기술을 활용한 메타버스가 많이 활용되고 있어요. 특히 의대에서 환자 진찰 방법이나 X-Ray 등의 의료 장비 사용법을 학습할 때 디지털 트윈 기술은 매우 효과적입니다.

3D 그래픽으로 재현된 의료 설비와 인공 지능을 가진 아바타 등을 세팅하고 실제로 모의 실습을 할 수 있어요. X-Ray 사진이나 환자의 호흡 소리를 실제 자료를 데이터화해 사용할 수도 있어요.

3D 시뮬레이션의 특징을 살려 학생들이 자발적으로 참여

하고 능동적으로 학습할 좋은 환경이 메타버스 안에 만들어지고 있어요. 특히 이런 학습은 머리로 공부하는 이론이 아니라 실질적인 문제 해결력을 키워 주고 수행 능력을 향상시켜 주므로 긍정적입니다.

학생들은 디지털 트윈 기술을 활용한 시뮬레이션 환경에서 모든 과정을 직접 체험하며 머리와 가슴으로 상황을 체득하고 느낄 수 있게 되지요. 수많은 시행착오를 거치며 하나씩 직접 배워 갑니다. 그야말로 훈련과 실감형의 교육의 장으로 메타버스가 활용되고 있습니다. 메타버스의 이런 기능을 학교와 기업이 주목하고 있어요.

IBM은 최초의 메타버스로 불리는 〈세컨드라이프〉에서 전 세계 신입 직원 면접과 오리엔테이션을 진행했습니다. 제품의 사용 환경별 시뮬레이션을 활용해 테스트하고 데이터센터에 문제가 있을 때 전 세계 엔지니어가 〈세컨드라이프〉에 모여 협업해 문제를 해결하는 프로젝트를 진행했지요.

글로벌 항공기 제조 업체인 보잉과 자동차 생산 업체인 BMW도 홀로렌즈를 이용해 실제 항공기나 자동차 부품 위에 가상 정보를 겹쳐 보이게 하는 AR 기술로 작업자 업무 교육을 진행하고 훈련합니다.

미국 월마트도 메타버스에 가상 점포를 구현해 놓고 상품

진열 방법이나 새로운 기계 사용법을 교육하고 계산원이나 고객 입장이 되어 보고 고객 응대 교육도 진행합니다.

　디지털 트윈 기술을 활용하는 메타버스는 시·공간의 제약을 뛰어넘으면서 실시간으로 즉각적인 피드백을 합니다. 전 세계적인 단위의 협업을 진행할 수 있다는 이런 장점이 있어서 앞으로도 많이 활용될 것 같습니다.

# 안 보이는 돈도 돈인가요

## 경제 개념을 바꾸다

〈로블록스〉를 움직이는 가장 거대한 힘은 '로복스<sup>Robux</sup>'라는 가상 화폐입니다. 메타버스가 가상 세계에 마련된 또 다른 사회라는 점을 고려하면 진정한 메타버스가 되기 위해선 사람 간의 커뮤니케이션과 가상 세계로 옮겨진 교육과 문화 콘텐츠만으로는 충분하지 않아요. 무엇보다 사회를 이루는 데 경제가 빠질 수는 없기 때문이지요.

경제란 무엇일까요? 경제는 우리가 살아가는 데 필요한 재화나 서비스를 만드는 활동, 그 재화나 서비스를 다시 사용하는 활동, 그들을 둘러싼 모든 질서와 법, 제도를 말해요. 좋은 경제란 결국 생산, 소비, 분배가 원활히 안정적으로 이뤄지는 것을 말해요.

메타버스가 등장하면서 경제 생활의 근간인 생산 활동에 변화가 생기기 시작했어요. 일반적인 생산 활동의 결과는 눈에 보이고 만질 수 있는 실물이었지만 메타버스 안에서의 생산 활동은 가상의 재화가 대부분입니다.

〈로블록스〉에서 아바타가 입어야 하는 의상을 만들어도 그것은 3D 그래픽으로 만든 것이지 실제로 우리가 손으로 만지거나 입어 볼 수 있는 성질의 재화가 아닙니다. 그 옷은 나를 대신하는 아바타에게 필요하지요.

실물 재화에서 가상 재화로 확장된 메타버스 시대의 경제 시스템은 그야말로 우리의 의식 구조와 문화를 획기적으로 바꿔 놓았어요. 과연 무엇이 변했을까요? 문제점은 없을까요?


## 가상 상품 사고팔기

메타버스 경제 시스템의 가장 두드러진 특징은 디지털 상품 거래의 등장입니다. 디지털 상품은 디지털로 생산되고 디

지털로 유통, 소비, 소유할 수 있는 모든 상품을 말해요. 우리
는 현실 세계에서처럼 가상 상품을 사고팔면서 경제생활을 하
고 있어요. 특히 우리에게 가장 익숙한 가상 경제 활동은 아이
템을 통한 것입니다. 아이템은 원래 컴퓨터 파일을 구성하는
데이터 구분에서 가장 작은 단위나 항목을 말하지만 일상적으
로 사용할 때는 게임이나 가상 세계에서 사용되는 모든 오브
젝트를 말해요.

아바타가 입을 의상을 비롯한 장신구, 더 빠른 속도로 공간
이동을 시켜 줄 자동차 등의 탈 것, 강력한 공격력의 마법 검
에 이르기까지 메타버스에서의 활동을 더 적극적으로 즐길 수

있는 오브젝트가 바로 아이템입니다.

원래 아이템은 게임이든 게임이 아니든 플레이어가 메타버스 안에서 특정 활동을 하는 과정에서 보상으로 얻었지만 플레이어가 얻은 모든 아이템이 플레이어에게 꼭 필요하지는 않지요. 플레이어에게 직접 도움이 되거나 그렇지 않은 아이템도 존재하거나 동일한 아이템 두 개를 갖는 경우도 생겨요.

현실 세계에서의 경제처럼 필요 없는 아이템을 얻었을 때 이것이 필요한 사람들에게 다시 파는 과정이 필요합니다. 그 활동 시스템이 바로 아이템 거래 시스템입니다. 합법적인 시스템 안에서는 수요와 공급 법칙에 따라 아이템 가격이 정해져 활발한 거래가 일어나고 수요는 많지만 공급이 부족한 아이템 가격은 천정부지로 올라가기 마련입니다.

## 불법 거래 주의 요망

사용자끼리 아이템을 현금으로 거래하는 것은 국내에서는 아직 불법입니다. 사용자는 아이템뿐만 아니라 캐릭터 계정이나 메타버스 안에서 쓰이는 화폐 등도 현금으로 거래하는데 대부분 불법입니다.

불법 거래로 아이템을 사면 시간을 투자하는 대신 더 높은 효과와 승률을 올릴 수 있다는 장점 때문에 유리해 보여 종종 우리는 현질 거래에 유혹됩니다. 하지만 이런 거래는 메타  버스의 건전한 경제 활동을 마비시키는 주범입니다. 메타버스의 균형을 깨는 주요 원인이거든요.

이런 거래는 불법이라는 사실을 명심해야 합니다. 무엇보다 불법으로 간주되는 거래는 거래할 때 생길 수 있는 사기 행각에 휘말릴 가능성이 크고 아무도 법적 보호를 받을 수 없어요. 메타버스 안에서 벌어지는 거래가 합법인지 불법인지 잘 체크한 후 거래를 성사시켜야 합니다.

# 새로운 일터 메타버스

## 메타버스에서는 우리도 프로슈머

현재와 미래의 메타버스와 이전의 인터넷이나 게임 세계의 가장 큰 차이는 가상과 현실의 화폐를 교환할 수 있다는 점입니다. 이 점 때문에 모두 메타버스를 주목하지요.

앞서 메타버스 개념을 정의할 때 메타버스는 현실 세계와 분리된 또 다른 세계가 아니라 현실 세계의 확장으로 생각하는 것이 중요하다고 말했습니다. 오늘날의 메타버스가 그동안 현실 세계와 가상 세계를 나누었던 거대한 벽을 무너뜨렸기 때문에 가상 세계에 존재하는 것이 현실 세계의 것처럼 의미 있는 것이지요.

　같은 논리로 메타버스 경제도 현실 세계의 경제와 분리되어 독자적으로 운영되고 작동하는 것이 아니라는 점이 중요합니다. 오늘날 메타버스 경제는 현실 세계의 경제와 서로 영향을 주고받으며 작동하고 있어요.

　간단한 예를 들어볼까요?

　우리는 〈로블록스〉나 〈제페토〉에서 옷이나 아이템을 만들어 팔거나 게임을 만들어 입장료로 하루에도 수십만 원부터 수백만 원의 수익을 올리는 사용자가 있다는 뉴스를 들은 적이 있을 것입니다. 그들은 메타버스 활동으로 어떻게 수익을 올렸을까요?

　메타버스는 사용자가 아이템을 직접 제작, 변형, 편집, 유동시킬 수 있는 프로그램을 갖추고 있어요. 디지털 기술이 보편화되면서 손쉽게 콘텐츠를 만드는 저작 툴도 함께 소비자에게 제공되고 있어요. 무엇보다 〈로블록스〉나 〈제페토〉를 개발하고 서비스하는 기업들이 그들의 세계를 구성하는 모든 것을 독점해 통제하지 않고 향유자와 공유해 함께 만들어 가려는 비전을 가지고 있기 때문입니다. 메타버스 시대를 살아가는 우리도 단순한 소비와 향유가 아닌 프로슈머의 자세로 적극적이고 참여적이 됐기 때문이고요.

## 경제 활동의 신개념,
## 재미 노동

　메타버스 시대의 새로운 경제 활동은 우리의 태도를 변화시키고 있어요. 무엇보다 경제 가치의 관념도 바뀌고 있어요. 일과 놀이의 경계가 무너지며 나타난 재미 노동 개념이 그것입니다.

　재미 노동은 니콜라스 이Nicholas Yee라는 학자가 주창한 개념으로 그는 새로 등장한 가상 공간에서의 체험이 처음에는 놀이와 여흥에서 시작했지만 시간이 지날수록 현실 세계의 노동과 똑같은 인내심을 요구하는 진지하고 몰입하는 체험이 되는 변화를 겪는다고 주장합니다.

　사실상 현실 세계와 다른 질서와 체계를 가진 메타버스 세계에 적응해 살아간다는 것은 새로운 규칙을 학습하고 생존을 유지하고 새로운 아이템을 제작하는 등 육체적, 정신적 피로가 존재하지만 우리는 현실과 똑같이 피곤한 이 과정을 노동이 아닌 유희로 받아들여 재미 노동이라고 부를 수 있다는 것입니다.

　잘 생각해 보면 메타버스에서 살아가는 우리는 플레이하는 동안 캐릭터와 자신의 일체화를 경험하고 현실 세계의 시간의 흐름은 잊은 채 자발적으로 힘든 일을 하고 있어요.

　메타버스에서 일어나는 재미 노동 현상을 긍정적으로 이용하면 새로운 시대에 적합한 새로운 노동 개념의 출현과 더불어 미래형 직업군의 창출로 볼 수도 있습니다.

　메타버스는 이제 새로운 놀이터이자 새로운 일터가 되고 있습니다. 메타버스에서 우리는 여유 시간을 소비하는 유희 활동을 할 수도 있지만 새로운 직업을 찾아 생산 활동을 할 기회도 생겼어요.


## 만만하지 않은 일터

　메타버스를 일터로 삼는다는 것은 만만한 일이 아닙니다. 현실 세계에서 모든 의상 디자이너가 엄청난 수익을 올리지 못하듯이 메타버스에서도 극소수 창작자만 수익을 올리고 있어요. 〈로블록스〉 게임 순위가 웬만해선 변하지 않는 것을 보면 알 수 있지요.

　재미 노동이라고 부르지만 일터가 되는 순간 연구와 결과물에 대한 엄청난 압박감과 책임감은 어쩔 수 없이 생기는 것입니다.

## 불쾌한 골짜기 Uncanny Valley

〈폴라 익스프레스The Polar Express〉는 2004년 풀Full 3D 애니메이션 영화로 산타클로스를 만나러 북극행 열차를 타고 가면서 겪는 모험극입니다. 극장에서 영화를 보던 아이들이 무섭다며 울기 시작하면서 이 작품은 유명해지기 시작했어요. 그런데 사실 이 영화에 무서운 장면은 없어요. 그런데도 아이들은 왜 울었을까요?

바로 불쾌한 골짜기 때문입니다. 일본 로봇 과학자 모리 마사히로에 따르면 사람들은 로봇이 자신과 비슷해지면 호감도가 증가하다가 어느 순간 혐오감과 섬뜩함을 느낀다고 해요. 그러다가 인간과 완전히 똑같아지면 다시 호감도가 증가해 인간처럼 느끼게 된다고 합니다.

호감도가 떨어지는 구간을 불쾌한 골짜기라고 불러요. 그 구간이 어떤 구간이지 정확히 수치화할 수는 없지만 〈폴라 익스프레스〉의 캐릭터들이 이 구간에 속했던 것 같아요. 오늘날 버추얼 휴먼은 이 구간을 넘어 우리의 외모, 행동과 100프로 닮았다고 느꼈기 때문에 공감하고 팔로잉하고 함께 살아갈 수 있는 것 같습니다.

## 디지털 트윈 기술

　실제 상황을 간소화하거나 부분적으로 모형화해 실험하고 테스트하는 시뮬레이션은 모의시험이나 연습 경기와 같은 일상생활에도 사용되지만 우주를 전문적으로 연구하는 나사[NASA], 군, 경찰과 같이 위험한 작업을 수행하는 집단에서 특히 중요하게 다뤄지는 방법론이지요.

　이런 시뮬레이션 성격을 계승하면서 메타버스로 확장시킨 것이 바로 디지털 트윈 기술입니다. 디지털 트윈은 현실에 있는 것 그대로 가상 세계로 옮겨 놓은 것을 말해요. 그렇다고 미러 월드 자체를 말하는 것은 아닙니다. 현실과 가상 세계가 상호 작용해야 합니다.

　현실과 가상 세계가 상호 작용하려면 인공 지능 기술, 블록체인[Block Chain], 슈퍼컴퓨팅[Super Computing], 데이터마이닝[Data Mining], 로봇, 자율 주행 기술 등의 첨단 기술이 함께 도입되어야 합니다.

　최근 새로운 도시 건설에서 디지털 트윈 기술이 적극적으로 활용되고 있어요. 실제와 비슷한 도시를 메타버스에 먼저 구현해 놓고 가장 살기 좋은 건축물 배치와 교통 체증 없는 도로 구현에 테스트하는 것이지요. 그 결과로 정책을 결정하고 실제 도시를 설계하면 시행착오가 최소화될 거라고 기대하면서 말이지요.

5장

조심 또 조심,
메타버스의
두 얼굴

# 불법 복제의 플랫폼

## 현실 속 온갖 문제가
## 복제될 수 있다

　메타버스는 우리가 살아가야 할 또 다른 사회가 분명하므로 사회생활에서 발생할 수 있는 온갖 문제가 메타버스에서도 일어날 가능성이 있어요.

　또한, 앞에서 말했듯이 메타버스는 현재의 인터넷을 잇는 플랫폼이 될 거라고 많은 전문가가 예고하고 있어요. 인터넷의 미래로 메타버스를 생각한다면 이 메타버스에서 발생할 수 있는 여러 문제도 그동안 인터넷에서 발생했던 문제점을 통해 예방하고 대책을 세울 수 있지 않을까요?

그 첫 번째 문제점으로 불법 복제의 플랫폼으로 전락할 가능성을 말해 볼게요.

무엇보다 메타버스는 디지털 그래픽 기술로 만든 새로운 공간이므로 이 공간에 존재하는 모든 것이 디지털 형태로 존재한다는 것이 가장 큰 특징이지요. 하지만 이 특징이 가장 큰 문제가 될 수 있어요. 디지털 콘텐츠는 'Copy & Paste'하기가 너무 쉽기 때문입니다. 심지어 디지털 특성 때문에 복제된 결과물은 원본과 복사본을 구별하기가 매우 어려워요. 컴퓨터로 이미지 등을 'Copy & Paste'해본 경험이 모두 있을 테니 무슨 말인지 이해하시지요?

그런 상황에서 내가 만든 창작물을 누군가가 너무 쉽게 'Copy & Paste'해 돈을 벌고 있다면 어떻겠어요? 그 창작물은 멋진 의상 아이템이나 독창적인 건축물, 반짝이는 아이디어가 들어간 게임 공간이 될 수도 있어요. 심혈을 기울여 창작한 독창적인 내 작품을 누군가가 클릭 몇 번만으로 너무 쉽게 복제할 가능성이 있는 세계가 바로 메타버스입니다.

## 불법 복제가 판칠 위험성

메타버스는 전 세계 수많은 사용자가 접속해 생활하는 공간입니다. 너무 넓고 광활해 내 작품을 불법 복제한 사용자를 찾아내는 것 자체가 너무 어려워요.

창작물에 대한 개인 분쟁만 문제가 되는 것은 아닙니다. 메타버스 사용자가 늘수록 더 많은 기업이 메타버스 세계로 유입되고 있어요. 소비자가 있는 곳을 기업이 찾아다니는 것은 기업 입장에서는 너무나 당연해요. 홍보와 마케팅을 펼칠 훌륭한 공간이기 때문이지요.

그런데 이런 기업과도 개인이 저작권 분쟁을 벌일 가능성이 커요. 사실 기업은 수년간 연구 개발비를 투입해 상품을 디자인해 제품을 만들어 냅니다. 유명 명품 브랜드의 가격이 높은 것은 모두 그 가치를 인정하기 때문이지요. 그런데 이런 브랜드 상품이 메타버스에서 명확한 기준도 없이 복제되어 팔려 사용될 수 있어요. 의류, 신발, 액세서리뿐만 아니라 노래, 영상, 이미지, 글과 같이 저작권이 존재하는 수많은 작품도 메타버스 안에서 저작권자의 동의 없이 유통되고 수익 창출의 수단으로 사용될 수 있어요.

## 불법 다운로드는
## 콘텐츠 도둑질

메타버스의 가상 재화는 거래할 때 물리적 배송 거리가 필요 없어요. 제품 가격을 지불하면 실시간으로 소비자의 컴퓨터 속에 상품으로 저장됩니다. 소비자는 이 상품을 분리하거나 합성해 재생산할 수 있어요. 상품 경제 면에서 보면 분명히 획기적인 사건이지요. 하지만 가상 재화의 재생산성이라는 특징 때문에 불법 복제 문제가 심심찮게 발생하지요. 지금 이 순간에도 우리는 인터넷을 통해 웹툰, 음악, 영화와 같은 예술 작품을 불법 다운로드 <sub>Download</sub> 받고 있어요.

인터넷에서 불법 다운로드해 이런 콘텐츠를 즐기는 우리의 현실태를 보면 메타버스에서도 똑같은 문제가 생길 것은 불 보듯 뻔합니다. 불법 다운로드를 받는 개개인은 단돈 몇백 원, 몇천 원을 아끼면서 콘텐츠를 즐길 수 있어 이득이라고 느끼겠지만 장기적으로 보면 이런 행태가 반복될수록 콘텐츠 창작자의 창작 의지가 감퇴하고 문화 콘텐츠 산업은 자연적으로 퇴보할 수밖에 없어요.

메타버스 안에서 소유한 수많은 가상 상품도 재생산될 가능성이 있으니 우리 스스로 타인의 저작물을 허락 없이 이용

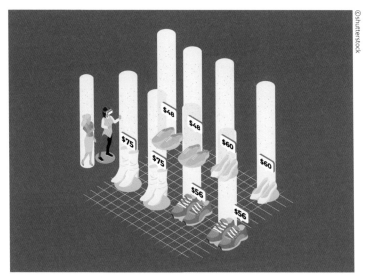

조심해야 할 불법 복제

하는 것은 도둑질이라는 인식으로 무장하고 가치 있는 디지털 경제 활동을 이뤄 나가도록 노력해야겠습니다.

특히 메타버스에서는 전 세계인이 콘텐츠를 활용하므로 문제가 발생했을 때 어느 나라 법으로 해결해야 할지도 큰 걸림돌입니다. 메타버스를 더 풍요롭게 해 주는 것이 이런 콘텐츠라는 사실을 감안한다면 저작권, 지적 재산권, IP 자산 관련 법률 정책이 하루빨리 시행되어야 합니다.

## 불법 복제를 막고
## 플랫폼을 연결하는 NFT

### NFT의 개념 알기

가상 재화의 불법 복제를 예방하고 소유권을 확실히 증빙하기 위해 만든 기술이 바로 NFT^Non Fungible Token입니다. 또한, NFT는 가상 재화를 안정적으로 유지하기 위해서도 반드시 필요한 기술 중 하나입니다.

'대체 불가 토큰'으로 불리는 NFT를 내 창작 아이템에 적용하면 그 아이템은 불법 복제를 예방하고 아이템 소유자를 정확히 확인할 수 있어요.

NFT는 블록체인에 저장되는 고유 데이터 단위인데 개념이 어려우니 쉽게 설명할게요.

메타버스에서 아이템을 하나 만든다고 생각해 보세요. 이 아이템에 NFT를 적용하면 언제 만들었고 소유자가 누구인지에 대한 데이터가 암호로 저장됩니다. 해당 아이템이 수없이 복제, 변형되거나 해당 플랫폼이 사라지더라도 NFT를 적용한 이 오리지널 아이템은 데이터로 존재하므로 원본 가치를 인정받을 수 있어요.

생각해 보세요. 오늘 내 인벤토리에 존재했던 아이템이 내일 사라진다면 돈을 지불하고 아이템을 살 수 있을까요? 또는 내가 땀 흘려 제작한 각종 아이템이 기업이 문을 닫는 동시에 사라진다면? 그런 상황에서도 메타버스에서 의미 있는 활동을 할 수 있을까요?

## 고윳값을 NFT에 저장

그렇다고 NFT가 완벽한 해답은 아닙니다. 특정 작품에 대해 창작자가 아닌 다른 사람이 NFT 등록을 하거나 오리지널 콘텐츠를 변형하거나 수정한 사용자가 그 작품의 NFT 등록을 할 수도 있거든요. 그런 경우, NFT만으로 창작자의 모든 권리를 보장할 수 있다고 말할 수는 없어요. 하지만 메타버스를 표방하는 여러 플랫폼 간의 결합을 위한 도구가 NFT 기술이 될 수 있겠다는 기대는 해 봅니다. 무슨 말이냐고요?

차근차근 설명해 볼게요.

사실 진정한 메타버스 시대가 되려면 여러 플랫폼이 연결되어 있어야 합니다. 〈로블록스〉에서 활동하던 캐릭터를 〈동물의 숲〉에서도 쓸 수 있고 〈카트라이더〉에서 구매한 자동차를 〈제페토〉에서도 이용할 수 있는 세계일 때 진정한 메타버스라고 할 수 있어요.

마치 우리가 미국이나 영국 등 세계 각지로 여행을 떠날 수 있는 것과 동일한 개념이라고 생각하면 쉽습니다. 메타버스는 우리의 현실 세계를 확장한 또 다른 가상 세계입니다. 그러므로 이 가상 세계에서 나를 대변해서 만든 나의 캐릭터를 가상 세계의 여러 플랫폼을 여행할 수 있게 해 주는 것은 당연한 게 아닐까요?

문제는 〈로블록스〉, 〈카트라이더〉, 〈동물의 숲〉, 〈제페토〉가 모두 다른 기업에서 만든 이윤 추구 플랫폼이라는 사실 때문에 각기 다른 메타버스 콘텐츠를 아무 조건 없이 서로 받아들여 자신의 세계에서 운용할 수 있게 하기가 쉽지 않다는 것입니다. 우리가 원하고 상상하고 만들어 가야 할 진정한 메타버

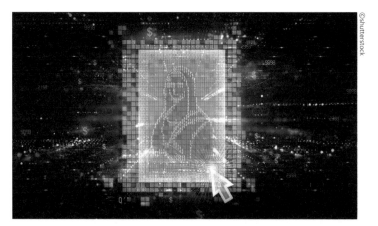

그림, 영상, 음악 등 모든 파일 형식에 고윳값 저장 NFT

스 세계는 바로 개방적이고 서로 무한대로 연결되는 세계일 것입니다.

그러므로 NFT 기술이 적용된 아이템을 활용하면 각 플랫폼을 자유롭게 이동하면서 연결할 수 있는 진정한 메타버스 세계가 만들어지지 않을까요? 어떻게 그런 일이 가능하냐고요?

NFT는 디지털 콘텐츠 소유권을 보장한다는 점에서 미술, 음원, 게임 등의 분야에서 각광받고 있습니다. 그림, 영상, 음악 등 모든 파일 형식에 NFT는 고윳값을 저장할 수 있어요.

아무리 디지털 콘텐츠가 복제가 가능한 특징을 가지고 있다고 하더라도 수많은 카피본 중에서 진짜 원본이 어떤 것인지 보장하고 그 창작자와 소유주가 누구인지 보장할 수 있다면 그 작품은 메타버스 내에서 더 많이 복사되고 공유될수록 원본이라는 희소성에 대한 가치는 더 커질 수밖에 없습니다.

트위터 최고 경영자는 2006년 3월 트위터에 처음 올린 '트위터 계정 만드는 중Just Setting Up My Twitter'이라는 트위터에 NFT를 등록하고 32억에 NFT 방식으로 거래했지요.

'거리 화가'로 유명한 영국 뱅크시의 작품도 NFT 파일로 전환된 후 실물 그림보다 4배나 비싼 가격에 거래되었어요. 물론 NFT 파일의 가치를 높이기 위해 물성을 가진 원본 그림은 태워 없앴답니다. 원본은 없애고 파일만 남기다니 정말 놀라운 세상이네요.

## NFT, 게임을 만나다

NFT가 게임을 만나면 어떤 일이 벌어질까요?

〈크립토키티CryptoKitties〉는 디지털 고양이를 사고파는 게임인데 정말 다양한 디자인의 고양이가 이 게임에 있어요. 보라색 점박이 고양이, 졸린 눈의 주황색 귀 고양이, 털이 복슬복슬한 분홍색 고양이 등이지요. 이 고양이들은 각각 고유의 NFT를

보유하므로 사용자가 NFT를 사용해 이 고양이를 구입하면 세상에 유일한 나만의 고양이를 소유하게 되는 원리입니다.

생각해 보면 그동안 우리가 게임 안에서 보유했던 나만의 펫은 큰 맹점이 있었어요. 여러 미션을 수행하며 어렵게 얻은 나만의 펫이 진짜 나만의 펫이 아니기 때문이었지요. 게임을 진행하다 보면 다른 플레이어도 내가 가진 동일한 펫을 가진 경우가 있었어요.

그 정도 일로 우리가 게임을 접진 않겠지만 똑같은 캐릭터, 똑같은 아이템을 볼 때마다 기운이 빠지는 것도 사실입니다.

NFT가 적용된 〈크립토키티〉 고양이는 정말 나만의 고양이를 소유한다는 점에서 아이템에 특별한 가치가 있다고 할 수 있어 사용자들은 자기만의 고양이 컬렉션을 만들기 위해 이 게임을 지속하게 됩니다. 진정한 수집욕을 자극하는 게임이지요. 반면 게임 안의 가장 중요한 재화를 NFT화하는 방식을 연구하거나 핵심 자산인 캐릭터에 NFT 등록을 하는 연구도 진행 중입니다.

자, 이렇게 NFT가 입력된 아이템은 블록체인 기반의 지갑에 저장되고 그 지갑은 특정 플랫폼에 속한 것이 아니므로 여러 플랫폼을 옮겨 다니더라도 플레이어는 언제든지 지갑에서 아이템을 꺼내 해당 플랫폼에 반영시킬 수 있지 않을까요?

## 진정한 메타버스 시대를 맞이하려면

지금까지 이야기했던 것들은 아직 우리의 상상에나 가능한 것이 많습니다. 하지만 이런 작은 상상, 작은 시도와 실험이 진정한 메타버스 세계를 앞당기는 데 일조하지 않을까요?

앞에서 말했듯이 NFT 기반으로 만든 아이템, 캐릭터 등 모든 오브젝트와 재화를 하나의 플랫폼에서 쓰는 것이 아니라 여러 플랫폼으로 이동하며 사용하게 하는 새로운 메타버스의 미래가 가까이 다가왔어요. 메타버스 재화가 모두 자유롭게 통용되고 독자적이면서 연결된 세계가 펼쳐질 때 우리는 진정한 메타버스 시대를 맞을 것입니다.

# 몰카가 될 수 있는 브이로그

## 두 얼굴의 대표주자,
## 위치 추적

이 세상에 선보이는 기술 대부분은 두 얼굴이 있어요. 우리가 생활하면서 하기 싫은 일을 대신해 주는 편리성 때문에 생긴 기술이지만 이 기술의 쓰임새만 고려해 개발되면 문제가 생기기 마련이지요. 사악한 도구로 사회에 불안감을 조성하고 악의 축이 될 여지도 생기거든요.

GPS 등을 이용한 위치 추적 앱이 대표적인 예지요. 우리 친구들도 이 앱을 많이 알고 있을 것입니다. 우리가 사용하는 스

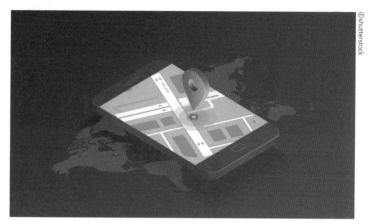

스마트폰의 위치 추적 앱

마트폰에는 위치 추적 앱이 기본적으로 설치되어 있어요. 또한, 학기마다 학교에서는 부모님에게 학생의 등·하교 상황을 알려주는 소형 장치를 사용할 것인지를 묻는 가정 통신문을 보내기도 합니다.

이런 기술은 학생들이 학교에 안전하게 도착했는지, 하교 후 낯선 사람을 따라가거나 길을 잃지 않고 무사히 귀가 중인지 확인하는 데 도움이 되는 기술입니다. 부모님이 24시간 우리 옆에서 생활하지 않으셔도 우리가 어디 있는지 확인하고 안심하실 수 있어요.

하지만 우리가 있는 위치 정보가 부모님이 아닌 낯선 사람에게 넘어간다고 생각해 보세요. 게다가 나쁜 마음을 가진 사람이라면? 실제로 스토킹이나 범죄 목적으로 이 정보를 악용한 예가 있어요. 위치 추적 장치를 대상자에게 붙여 놓거나 도청 장치를 스마트폰 등에 몰래 깔아 놓고 그 데이터를 빌미로 협박하는 사람이 있거든요.

## 통제 불가능,
## 라이프로깅

그뿐만이 아닙니다. 앞에서 공부한 라이프로깅 기술을 기억하나요? 라이프로깅의 시작은 '저스틴 TV' 서비스입니다. 저스틴 칸<sup>Justin Kan</sup>은 평소 자신이 보고 듣고 살아가는 세계를 영상으로 기록하는 프로젝트를 시도했어요.

머리에 카메라를 단 채 24시간 생활했지요. 잠자고 밥 먹고 일하고 심지어 화장실에 가는 것까지 모두 카메라로 찍었어요. 더 중요한 것은 이 모든 사생활 기록을 생중계했다는 것입니다. 그 결과는 어땠을까요? 대중은 '저스틴 TV'를 지켜봤을까요? 여러분은 이 채널을 구독하고 싶나요?

일부 TV 프로그램은 연예인의 사생활을 여러 대의 카메라로 찍어 시청자에게 보여 주지요. 그 프로그램들이 평소 연예인의 리얼$^{Real}$한 생활을 100프로 담았다고 확신할 수는 없지만 어쨌든 프로그램의 기획 의도는 연예인의 라이프로깅 세계를 보여 줍니다. 시청자는 멀게만 느껴졌던 연예인의 일상생활을 흥미롭게 지켜봅니다. '하루하루 나와 비슷하게 살아가는구나!'라고 느끼면서 연예인에 대한 친밀감도 높아지지요.

이런 연예인의 라이프로깅 프로그램과 일반인의 라이프로깅 프로젝트는 다르게 취급되어야 합니다. '보고 싶다' '아니다'의 관점이 아니라 카메라에 찍혀 기록으로 남는 모든 것에 대한 판단을 달리해야 한다는 말입니다.

연예인의 라이프로깅 프로그램은 촬영 대상에 대한 철저한 관리가 선행된 채 이뤄집니다. 촬영장을 통제하고 혹시 일반인이 카메라에 찍히면 방송 허락을 받거나 편집해 삭제해 버리기도 합니다. 이것이 가능한 것은 수십 명의 촬영 스태프가 단계적, 체계적으로 촬영을 계획, 실행하기 때문이지요.

문제는 일반인의 라이프로깅 프로젝트는 이런 관리와 통제를 제대로 할 수 없다는 것입니다. 유튜브에 올라온 수많은 브이로그를 보다 보면 촬영자를 중심으로 촬영자와는 무관한 수많은 사람의 얼굴이 노출됩니다. 모자이크 처리도 하지 않은 채 허락도 없이 개인정보가 노출되니 정말 큰 문제지요.

## 또 다른 몰카, 구글 안경

2012년 최고 발명품으로 선정된 '구글 안경'도 일반인에게 야심 차게 판매를 진행했지만 사실상 거의 팔리지 않았어요. 물론 160만 원이라는 비싼 가격도 판매 부진에 한몫했어요. 하지만 정작 가격보다 더 큰 문제는 안경의 기능이었어요.

구글 안경은 이 안경을 쓴 사람이 보는 모든 것을 동영상이나 사진으로 촬영하고 인터넷으로 이 영상을 바로 보내 여러 사람이 함께 볼 수 있었어요. 사용자는 '저스틴 TV'처럼 개인의 일상을 담은 아카이빙으로 개인의 일상을 공유하는 용도로 쓰일 수 있다고 생각할 수도 있지요. 하지만 수많은 사람의 일상을 침해받는 것을 염두에 두지 않지요.

보는 모든 것을 동영상이나 사진으로 촬영하고 인터넷으로 이 영상을 바로 보내
여러 사람이 공유할 수 있는 구글 안경

구글 안경을 쓴 낯선 사람이 지하철 앞자리에 앉아 있다면? 그가 지금 나를 쳐다보고 있고 그의 구글 안경에 찍힌 내 모습이 나도 모르는 사이 유튜브로 생중계된다면 어떨 것 같나요? 아무렇지도 않은 듯 지하철을 타고 목적지까지 이동할 수 있는 친구가 있을까요? 또 다른 몰카가 될 수 있다는 생각이 들지 않나요?

## 메타버스, 잘 쓰면 약 잘못 쓰면 독

스마트폰과 SNS에서의 삶이 중요해지는 오늘날 내 존재와 가치가 소중한 만큼 타인을 대하는 내 태도도 깊이 생각해 봐야 합니다. 타인에 대한 존중과 타인에게 피해를 주지 않을 방법을 항상 고민해야 합니다.

항상 모든 것을 연결하는 게 목적인 메타버스 세상에서 중요한 덕목은 무엇일까요? 메타버스 세상에서 살아가려면 새로운 세상에 대한 열망과 도전, 실험뿐만 아니라 그로 인해 발생할 수 있는 이면의 어둠을 이해하고 새로운 기술과 문화를 사용하는 데서 오는 책임과 의무도 기억해야 해요. 그것이 우리가 살아갈 세상에 대한 첫 번째 준비 아닐까요?

# 메타버스의 민낯

## 메타버스는
## 지킬 박사와 하이드

1886년에 출간된 소설 〈지킬 박사와 하이드<sup>The Strange Case of Dr.</sup>
Jekyll and Mr. Hyde〉는 〈보물섬<sup>Treasure Island</sup>〉을 써 단숨에 스타 작가가
된 영국 로버트 루이스 스티븐슨<sup>Robert Louis Stevenson</sup>의 작품입니다.
내용을 간략히 말하면 다음과 같아요.

학식이 매우 높았던 지킬 박사는 인간 내면에 존재하는 선
악을 분리해 낼 약품을 개발해 자신이 직접 실험 대상이 되어
약을 마시지요. 약을 마신 지킬 박사는 나쁜 짓만 저지르는 악

의 결정체인 하이드 씨로 변해 온갖 악한 행동을 저지르며 살아갑니다.

소설은 선한 내면을 가진 지킬 박사는 결국 하이드 씨를 통제하지 못한 채 죽음을 선택할 수밖에 없는 비극적인 결말로 끝나요. 선악이라는 인간의 이중성을 잘 보여 주는 작품입니다. 오늘날 우리가 메타버스 세계에서 행하는 모습도 종종 지킬 박사와 하이드의 이중성과 닮았지요?

새로운 정체성을 시험하고 도전하는 장이 메타버스이기 때문입니다. 사실 이 정체성은 자신에 대한 고유의 실체입니다. 정체성은 살아오면서 경험한 수많은 사건의 결과로 오랜 기간 일정하고 일관되게 유지되는 특성이 있어요. 특정 상황에 반응하는 내 태도, 언어 양식, 행동이 모두 정체성을 만들어 내는 성격입니다.

일반적으로 정체성은 한 인간의 모습에 하나의 정체성으로 수렴되기 마련입니다. 두 가지 이상의 정체성을 가지면 지킬 박사와 하이드처럼 문제가 생기지요. 내 친구가 매번 예측할 수 없는 태도와 반응을 보이면 매우 당황스럽지 않겠어요?

## 익명성을 무기 삼아

우리 앞에 펼쳐진 메타버스가 우리가 가질 수 있는 정체성을 실험하는 장이라니 어떻게 받아들여야 할까요? 현실에서는 선한 정체성, 메타버스에서는 악한 정체성을 가진 존재로 살아가도 될까요? 굳이 악한 정체성이 아니더라도 다른 정체성으로 살아가는 데 문제가 없을까요?

실제로 메타버스에서 하이드 씨로 살아가는 수많은 지킬 박사가 존재합니다. 그들은 악플을 달고 언어폭력을 일삼고 거짓 정보를 유포합니다. 인터넷과 메타버스의 가장 큰 특징인 익명성에 의지한 채 말이지요.

디지털과 메타버스 기술이 발달하기 전 우리는 의견을 표현하려면 상대방의 얼굴을 마주하고 대화해야 했기 때문에 내 입에서 나온 한마디 한마디가 나를 대변한다는 생각으로 깊이 생각한 후 조심스레 말하는 신중함을 당연시했지요. 게다가 내 말을 듣는 상대방 입장을 직접 눈으로 보고 온몸으로 느낄 수 있어 말의 무서움을 체감할 수도 있었어요. 하지만 메타버스에서의 나는 아바타 뒤에 철저히 숨어 있어요. 익명성을 무기로 순간적인 감정에 너무 쉽게 휩싸여 무심코 아무 말이나 내뱉는 습성이 생길 수 있어요.

자신의 의견을 자유롭게 밝힌다는 면에서는 분명히 긍정적이지만 그런 말과 태도에 타인을 비방하거나 욕설을 하는 심각한 문제가 다수 있다는 것이 문제입니다. 특히 정확하지도 않은 사실을 유포하는 악성 루머는 사회적으로도 큰 문제를 일으킬 가능성이 있습니다.

악한 의도가 아니더라도 문제는 얼마든지 발생할 수 있어요. 현실에서의 남성이 메타버스에서 여성으로 활동하던 알렉스와 조안의 사례가 대표적입니다.*

알렉스는 정신과 의사로 얼굴도 못생기고 장애가 있는 신체 불구자였어요. 그래서인지 현실에서 여성과 친해지기가 너무 어려웠지요. 그래서 그는 메타버스에서 '조안'이라는 이름의 여성으로 활동하며 현실에서의 결핍을 채웠습니다. 정신과 의사여서인지 여러 여성의 이야기를 잘 들어주고 마음을 잘 이해해 주니 사람들은 점점 조안을 따르기 시작했어요. 그리고 실제로 조안을 만나고 싶어 했어요. 하지만 현실에서의 만남은 쉽지 않았지요. 자신이 여성이 아니라 남성임을 밝혀야 했으니까요.

---

* MIT 사회학과 교수 셰리 터클(Sherry Turkle)의 논문 〈전자 연인의 사례(Case of the Electronic Lover)〉에 잘 나와 있는 사례

결국 알렉스는 조안이 중병에 걸려 입원했다고 거짓말하기 시작했고 그 거짓말은 금방 눈덩이처럼 커졌어요. 더는 감당하지 못할 지경이 되자 거짓된 메타버스에서의 삶이 모두 들통나고 말았지요. 조안의 말을 믿고 자연스럽게 마음을 터놓았던 수많은 친구가 엄청난 배신감을 느끼며 조안을 떠났습니다. 결과적으로 알렉스는 조안으로서 행복했던 삶을 송두리째 잃었어요.

이 사례를 보더라도 메타버스에서의 만남이 익명성을 전제로 하므로 자유롭다는 장점이 있는 반면, 어느 정도 우정과 신뢰가 쌓이고 관계가 깊어지면 그 관계에서 서로에게 원하는 것은 결국 진실이라는 사실을 확인할 수 있어요. 우리는 모두 거짓으로 꾸민 정체성보다 부족하더라도 진실한 모습의 친구를 만나고 싶어 하니까요.

## 거짓이 진짜라고 믿는
## 다중 인격체

이 정체성 실험이 현실 세계에까지 영향을 미치는 다중 인격으로 발전하면 문제는 더 커집니다. 익명성에서 시작된 정체성 실험은 메타버스 세계에서의 자신의 모습을 모두 거짓으로 꾸미고 그것이 자신의 진짜 모습이라고 완벽히 믿게 되는 다중 인격체로 발전할 가능성이 있어요.

다중 인격자는 이름, 직업, 나이, 성별, 학력 등 새로운 '나'의 모습으로 메타버스에서 활동하며 그것이 자신의 진짜 모습이라고 착각하기도 합니다. 가상이 현실을 전복시키는 상황에 직면하는 것이지요. 그렇게 되면 현실 세계로 메타버스의 정체성을 그대로 가져 나와 생활하므로 문제를 일으키게 됩니다. 자아 정체성에 대한 혼동 때문입니다.

흔히 게임 중독자 중 일부가 게임과 현실을 구분하지 못하고 게임에서 허용되는 질서와 규칙을 현실에 그대로 적용해 문제를 일으키는 사례와 비슷한 경우입니다.

거래가 가능한 메타버스이기 때문에 돈이나 물건을 훔치거나 도박, 포르노와 같은 선정적인 이미지를 쉽게 접하기도 하지요.

성적 발언이나 음란물 유포는 매우 큰 문제입니다. 주로 메타버스에서 활발히 활동하는 주체가 Z세대와 알파 세대 등 어린이와 청소년이라는 점을 감안하면 메타버스 세계에서의 음란물과 성적 이슈는 더 엄하게 다뤄져야 합니다.

## 메타버스에 대한 윤리 교육이 시급

디지털 기술 발달로 야기되는 수많은 사건과 범죄는 메타버스 시대 전에도 존재했습니다. 문제는 기술이 너무 빠른 속도로 발전하고 대중화되다 보니 메타버스 시대의 윤리 교육이 미처 이뤄지지 못한 채 메타버스에서의 활동이 진행되고 있다는 것입니다.

감수성이 예민한 세대에게 가치관 혼란을 일으킬 수 있는 상황을 예방하고 대처할 다양한 정책에 대한 고민과 함께 메타버스에 대한 윤리 의식과 가치관 정립 교육이 시급합니다.

## 우리는 현실에서 마법사가 아니다

### 과장된 나에 빠지지 말 것

메타버스는 과장해 해석하면 안 되는 세계입니다. 우리에게 분명히 다가올 미래이지만 메타버스에 너무 의존하는 것도 바람직하지 않아 보입니다.

특히 메타버스에서 너무 많은 시간과 활동을 하다 보면 자연스레 현실의 '나'를 잊을까 봐 우려됩니다. 현실 세계의 있는 그대로의 내 모습을 받아들이기보다 만들어진 내 모습을 나로 착각하는 경우가 생길 수 있기 때문입니다.

가상 세계를 살아가는 '나'는 어떤 존재일까요? 가상 세계의 나를 현실 세계의 나의 연장선에서 디자인할 수도 있지만 대부분 어딘가 조금 다른 나의 모습으로 창조하고는 합니다.

현실에서 채울 수 없는 빈칸을 가상 세계에서 채울 수 있길 기대하기 때문이지요. 그래서 가상 세계의 나는 현실의 내가 갖지 못한 결핍을 채워 줄 욕망의 대상인 경우가 많아요. 그렇다고 가상 세계에서 살아가는 나를 "내가 아니다"라고 말할 수 있을까요? 현실 세계와는 분명히 다른 규칙과 질서에 순응하며 살아가는 다른 정체성을 가진 존재이지만 그 모습도 현실의 '나'를 반영합니다.

배우들이 극 중 캐릭터를 연기하는 상황을 상상해 보세요. 그들은 자신의 내면 어딘가의 매우 작은 부분을 꺼내 확대해 캐릭터를 만들어 가면서 연기하지요.

실제 배우의 성격과 극 중 캐릭터의 성격이 전혀 다른 사람이 될 수 없듯이 우리가 가상 세계에 부캐를 만들어 살아가게 한다고 부캐가 나와 전혀 다른 존재라고 할 수는 없어요. 부캐도 현실의 내 모습의 일부를 반영한 것이니까요. 하지만 분명한 것은 그렇게 '만들어진 나'에게 너무 집착하면 안 된다는 것입니다. 가상 세계에서 만들어진 나는 변형된 나의 이미지입니다. 욕망의 결과물인 가상 세계의 나의 모습이 현실 세계의 나를 넘는 존재가 되면 문제가 됩니다.

단적인 예로 핸드폰으로 사진을 찍을 때 포토샵 효과가 들어간 앱을 사용하지 않고 찍는 사진은 얼마나 될까요? 사진을 다 찍은 후 편집해 보정하지 않은 사진은 얼마나 될까요? 그런 사진 속의 '나'는 정말 '나'의 모습을 잘 보여 주고 있을까요?

메타버스가 보편화될수록 우리는 실제의 내가 아닌 내가 원하는 나의 이미지로, 남이 원하는 나의 이미지로 변한 삶을 살아가고 있는 것은 아닐까요? 있는 그대로의 '나' 모습을 인정하고, 사랑하고, 아끼는 마음도 함께 키웠으면 합니다. 그럴 때 진정으로 건강한 사회가 만들어질 수 있으니까요.

## 올라탔으면 내릴 것도 생각하자

메타버스에 승차했다면 하차에 대해서도 고민해봐야 합니다. 메타버스 세계는 세상 모두가 하나로 연결된 세계입니다. 그런 세계에서 하차하는 순간을 파악하고 현실 세계로 돌아오는 것은 메타버스에 올라타는 것보다 훨씬 중요할지 몰라요.

거듭 말하지만 메타버스 세계는 참여, 공유, 개방 정신을 기조로 모든 것이 연결된 사회입니다. 사람과 사람, 사람과 물건

또는 상황이 모두 연결되어 있지만 이 연결에는 차단도 필요해요.

나도 모르게 친구에 의해 태그되는 삶, 기억하고 싶지 않아도 자꾸 기록되고 추억하도록 만들어 주는 삶, 몰라도 되는 것까지 알게 되는 삶이 메타버스에 존재합니다. 잊는 것이 인간에게 주어진 가장 큰 행복이라는 말을 다시 새겨볼 때인 것 같아요.

단절로 인한 불안감은 당연히 존재하겠지만 반대편에 해방으로 인한 안도감과 행복감도 존재한다는 것을 잊지 말아야겠습니다. 필요에 의해 메타버스에 올라타고 하차하는 나만의 규칙을 만들어야 합니다.

## NFT와 P2E

메타버스가 의미 있는 세상이라는 인식이 퍼지면서 디지털 세상에서 작동하던 자산도 새로운 기회를 부여받았어요. 그 대표적인 수단이 바로 NFT입니다. NFT는 우리말로 '대체 불가 토큰'입니다. 가상이어서 소유할 가치가 없다고 생각했던 다양한 디지털 콘텐츠 소유권을 보장한다는 점에서 미술, 음원, 게임 등의 분야에서 각광받고 있어요.

NFT는 디지털 콘텐츠의 모든 파일 형식에 고유한 값을 저장할 수 있어요. 사실 디지털 창작물은 복제하기 쉬워 어느 것이 원본인지 확인하기 어렵다 보니 창작자 입장에서는 자신의 작품 소유권을 주장할 수가 없었어요. 그래서 불법 복제가 성행했지요. 그런데 NFT로 인해 수많은 복제물 중 원본을 확인해 주고 그 가치를 인정해 줄 수 있게 되었어요.

비플의 jpg 파일, 디지털 아트Digital Art가 약 783억 원에 낙찰되고 프로 바둑 기사 이세돌 9단과 인공 지능 알파고의 제4국이 약 2억 5,000만 원에 팔렸습니다. 유명 디지털 파일만 팔리는 것이 아닙니다. 22세의 인도네시아 대학생은 5년간 매일 찍은 자신의 셀카 사진을 NFT로 판매해 무려 100만 달러를 벌었어요.

NFT가 새로운 가상 경제의 가능성을 부르면서 '돈 버는 게임'도 등장했습니다. P2E$^{Play\ to\ Earn}$는 블록체인 기술을 활용해 게임을 통해 획득한 아이템이나 가상 재화를 판매해 수익을 올리는 것입니다. 국내 게임 시장에서는 아직 불법이지만 메타버스가 우리 삶에 침투하면 P2E도 무시하지 못할 가상 경제 영역이 될 것입니다.

현실과 가상이 융합되는 세상에서 현실 경제뿐만 아니라 가상 경제도 슬기롭게 맞이할 준비를 해야 합니다.


## 메타버스 시민 의식

메타버스 열풍이 뜨거워지자 글로벌 기업들은 메타버스의 주요 특징을 정리하기 시작했어요. 메타버스를 만족시킬 만한 특징 중에서 우리가 꼭 생각해야 할 것은 〈로블록스〉 CEO 데이비드 바주스키$^{David\ Baszucki}$가 언급한 '시민성$^{Civility}$'입니다.

세대와 지역의 구분 없이 문화에도 무관하게 공유하는 공간인 메타버스는 모두에게 개방된 세계여서 문제를 일으킬 소지가 큰 것도 사실입니다. 아바타라는 가면 뒤에 숨어 악성 루머를 퍼뜨리거나 프라이버시를 침해하는 등의 잘못된 관계를 만드는 것은 메타버스에서 제대로 살아가는 방법이 아닙니다.

메타버스에서 살아가야 하는 우리가 안전하고 즐거운 경험을 지속하는 데 꼭 필요한 것은 서로 '다름'을 인식하고 존중과 조화를 추구하는 자세일 것입니다. 서로에 대한 배려와 공동체 윤리 의식, 메타버스의 시민성에 대한 논의가 다양하게 벌어져야 할 것입니다.

# 우리 메타버스에서 만나요

메타버스에서 무슨 일이 일어날지, 앞으로 메타버스에서 무엇을 해야 할지 아이디어가 마구마구 샘솟나요? 다시 한 번 강조하지만 메타버스는 어른들의 세상이 아닙니다. 미래의 주인공인 여러분이 이끌어 가고 활약해야 하는 그런 세상입니다.

그러므로 여러분이 더 깊이 있게 메타버스를 들여다보고 생각해 보며 토론하는 경험이 필요할 것입니다. 표면적으로 보이는 메타버스를 즐기고 향유하는 것 이상으로 메타버스의 숨겨진 이면들에 대한 고민도 필요합니다. 긍정적이고 밝은 미래 가능성 이면에 다양한 문제가 숨어 있을 수 있거든요. 메타버스가 또 다른 세계, 현실의 확장이라면 현실 세계처럼 부정적인 민낯들도 함께 존재할 테니까요. 적극적으로 메타버스를 탐험하면서도 문제적이라고 할 수 있는 부분에 대해서는 날카롭게 지적하고 고쳐 나갈 수 있는 용기와 자세를 가질 수 있었으면 좋겠습니다.

지금까지 인류가 이끌어 왔던 그 어떤 혁명보다도 더 혁신적인 세상이 여러분 손에 달려 있습니다. 메타버스라는 드넓은 세상에서 여러분의 꿈을 마음껏 펼쳐 보세요. 여러분이 만드는 새로운 세상에서 활짝 웃으며 다시 만나기를 고대하겠습니다.

**메타버스에선 무슨 일이 일어날까?**
ⓒ 이동은, 2022

초판 1쇄 인쇄일 2022년 3월 14일
초판 1쇄 발행일 2022년 3월 24일

지은이      이동은
펴낸이      강병철

펴낸곳      이지북
출판등록    1997년 11월 15일 제105-09-06199호
주소        (10881) 경기도 파주시 회동길 325-20
전화        편집부 (02)324-2347, 경영지원부 (02)325-6047
팩스        편집부 (02)324-2348, 경영지원부 (02)2648-1311
이메일      ezbook@jamobook.com

ISBN  978-89-5707-222-6 (43560)